辽宁省优秀自然科学著作

刨煤机刨刀刨削煤岩力学特性研究及其优化设计

郝志勇 著

辽宁科学技术出版社
沈 阳

图书在版编目（CIP）数据

刨煤机刨刀刨削煤岩力学特性研究及其优化设计 / 郝志勇著. —沈阳：辽宁科学技术出版社，2015.5
（辽宁省优秀自然科学著作）
ISBN 978-7-5381-9213-1

Ⅰ. ①刨… Ⅱ. ①郝… Ⅲ. ①刨煤机—刨刀—力学—研究 Ⅳ. ①TD421.6

中国版本图书馆CIP数据核字（2015）第075632号

出版发行：辽宁科学技术出版社
（地址：沈阳市和平区十一纬路29号 邮编：110003）
印 刷 者：沈阳旭日印刷有限公司
经 销 者：各地新华书店
幅面尺寸：185mm × 260mm
印　　张：9.5
字　　数：20千字
印　　数：1~1000
出版时间：2015年5月第1版
印刷时间：2015年5月第1次印刷
责任编辑：李伟民
特邀编辑：王奉安
封面设计：嵘　嵘
责任校对：栗　勇

书　　号：ISBN 978-7-5381-9213-1
定　　价：30.00元

联系电话：024-23284526
邮购电话：024-23284502
http://www.lnkj.com.cn

目 录

1 绪论

1.1 刨煤机发展与应用现状

1.1.1 刨煤机简介

随着中国可开采煤炭储量的逐渐减少，薄煤层开采必将摆在重要议事日程上。刨煤机适用于薄煤层和中厚煤层的开采。

刨煤机通过装有刨刀的刨头，在刨链牵引下，沿安装在刮板机上的滑架往复运行，煤岩被刨煤机刨头刨落后，沿着刨头上的犁形斜面滑落到输送机上。图1–1是由德国贝克瑞特公司生产的刨煤机刨头。

图1–1 德国贝克瑞特滑行刨煤机刨头

刨煤机是一种浅刨深、往复运行的薄煤层开采设备，在薄煤层，高瓦斯开采工作面有特殊优势。在自动化工作面中，刨煤机产量高，而且相对安全可靠。因此刨煤机是保证实现薄煤层高产高效的有效途径。刨煤机的主要特点为结构简单，运行速度快，刨深小，在30~150 mm。适用于薄煤层、中厚煤层的开采。刨削下来的煤块大，产生粉尘的浓度较低。适合于高瓦斯环境下开采。顶板对煤岩两侧的压张效应利用率高。但是，对于煤层较厚的煤岩环境不适合于刨煤机，刨煤机对底板的适应能力较差，摩擦阻力较大，不适合硬质煤层开采。刨煤机通常按运动方式可以分为3类：静力刨煤机、动力刨煤机和动静结合刨煤机。其中，静力刨煤机刨头本身没有动力，主要依靠刨链牵引刨头，刨头刨削煤层；动力刨煤机主要依靠冲击等方式刨削煤层，刨头本身有动力；动静结合刨煤机是在静力刨煤机基础上，通过给刨头施加动力源，靠冲击来刨削煤层。现今在实际刨煤机开采工作面，主要应用的是静力刨煤机。静力刨煤机种类繁多，主要有拖钩式刨煤机、滑行刨煤机、滑行拖钩式刨煤机。拖钩刨煤机主要是通过拖板与刨头连接来实现刨削（图1–2）。刨头牵引部分位于输送机

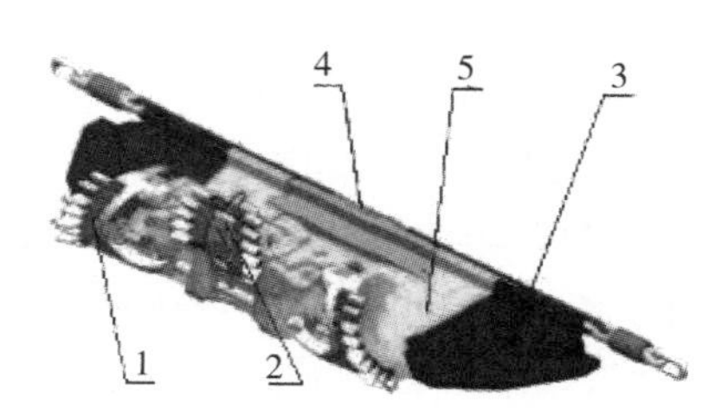

1. 主刨体刨刀块 2. 刨刀塔座 3. 刨头拉架 4. 连接块 5. 底拖板

图1–2 DBT公司的拖钩式刨煤机

采空区一侧，这样做的目的是为了便于维护，但是在输送机和底板之间的拖板运行阻力较大，功率消耗较大，因此，要求其使用条件是在底板硬度较高的工作面。

滑行刨煤机（图1-3）滑头牵引部分位于煤层和输送机之间，其构造简单，当刨头在导轨上运行时，阻力较小，运行平稳，刨头可实现高速刨削，但是，位于输送机和煤层之间的牵引保护装置，其空间较小，维修起来不方便。

滑行拖钩式刨煤机结构如图1-4，其既有拖钩刨煤机的优势，又吸收了滑行刨煤机的优点。刨头牵引链在采空侧的导护链内运动，而刨头则在煤壁侧的导轨上运动，刨头和刨链是靠拖板连接而成。拖板的运行位置在底板与输送机中部的底板槽内运动，其优点是拖板和刨头的运动阻力都较小，运行平稳，并且刨链便于维修，适合于薄煤层开采。

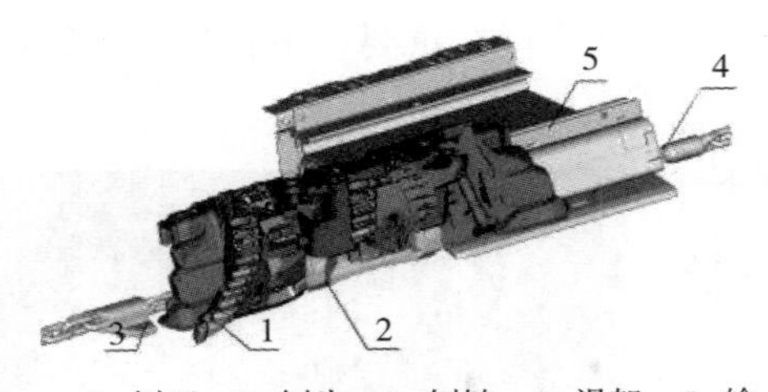

1. 刨刀 2. 刨头 3. 刨链 4. 滑架 5. 输送机

图1-3 滑行刨煤机

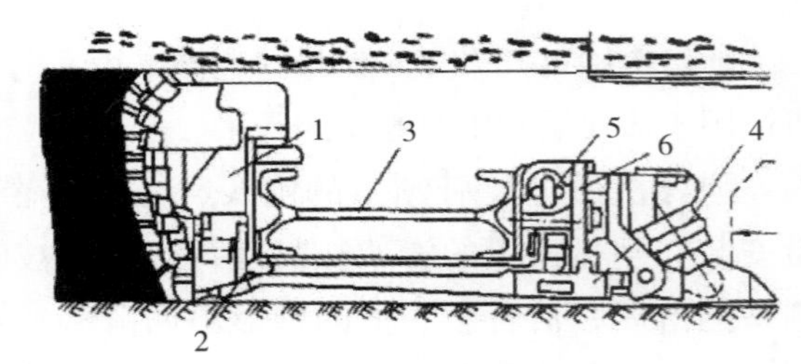

1. 刨头 2. 滑行板 3. 输送机 4. 调斜千斤顶 5. 刨链 6. 导护链装置

图1-4 滑行拖钩式刨煤机

动力刨煤机是为了刨削较坚硬的煤层，减小静力刨煤机的电机功率以及牵引力、导护链装置的强度而设计的。根据动力来源不同可分为冲击刨煤机和水射流刨煤机两种。动静结合刨煤机是为了克服动力刨煤机在刨煤过程中因刨头速度较快、往返次数多带来的电缆或管线移动困难、易出现故障的缺点，为实现刨硬煤目的设计的。

动静结合刨煤机仍处于实验和研究阶段，尚未被采用。静力刨煤机具有以下特点：便于管理、使用可靠、结构简单等，因此，世界上主要产煤国家，包括中国在内，使用的刨煤机多为静力刨煤机，论文主要研究的是下链牵引滑行刨煤机，属于静力刨煤机。

1.1.2 国内刨煤机发展与应用

中国滑行刨煤机的发展过程大致可以分为3个阶段：①初级刨煤机。②20世纪50—60年代发展到拖钩刨煤机。③70—80年代滑行刨煤机占多数，1992年滑行刨煤机工作面已占刨煤机工作面的78%。

中煤集团的张家口煤矿机械有限责任公司，从50年代末，通过与相关科研院所合作，在中国研制出第一台刨煤机，在早期的试验阶段，经过很多次技术改进，逐步得到发展；70年代初推出的MBJ-2A拖钩刨煤机；80年代初分别应用在徐州、韩城、阳泉、平顶山等矿的Ⅶ-26滑行刨煤机，对当时的薄煤层开采起到了一定的推动作用。但由于其生产能力低，可靠性差，只相当于国外六七十年代的水平，已不能满足煤炭开采高产高效发展的需要。“八五”期间，张家口煤矿机械厂承担了国家重点企业技术开发项目——薄煤层采煤设备——强力刨煤机及配套设备的研制工作。该刨煤机为BH34/2×200型滑行刨煤机，采高0.85～1.8 m，刨深60 mm，可刨削硬度≤3的煤层，刨头速度为0.56～1.7 m/s，刨链直径为34 mm，配套输送机功率为2×132 kW，链速为0.95 m/s，输送能力700 t/h。该项目以自主开发为主，刨头与上海分院合作设计，1994年5月完成试制，9月开始在阳泉矿务局一矿投入工业性试验。由于大功率滑行刨煤机属于中国首次设计制造，经各方努力，取得了一定的成绩（最高日产1 630 t，最高月产30 540 t）。在此试验的基础上，通过总结经验，对刨头结构部分进行了改进，增加了设计强度，刨链增大到38 mm，输送机功率增大到2×200 kW，型号改为BH38/2×200。该刨煤机于1996年11月厂内铺试，并在黑龙江双鸭山进行生产试验。但由于该矿为单体液压支柱支护工作面，且煤质较硬，所以出现了不能控制飘刀啃底及刨头强度弱等问题，试验未能取得成功，仅生产半个月就升井了。这样的结果直接导致国产刨煤机的发展受到沉重打击，从此走入低谷，几年来，中国的刨煤机研发工作基本上处于停滞状态，与世界发达国家刨煤机发展水平之间的差距逐渐拉开。为了满足国内市场，自动化刨煤机在中煤张家口煤矿机械有限责任公司、西北奔牛集团、沈阳三一重装的努力下研发并生产，其主要特点是功率大。

20世纪60年代初，中国曾引进一些国外的刨煤机设备，1965年，平顶山矿务局引进德国D型后牵引刨煤机；1980年，徐州矿务局引进德国8/30前牵引滑行刨煤机；1993年，开滦矿务局从俄罗斯引进GH-75型滑行刨煤机。

21世纪以来，为加快中国煤炭行业薄煤层开采技术的发展。2000年铁法煤业（集团）采用引进德国刨煤机的技术核心，在国内以配套的方式引进了一套德国DBT公司的自动化刨煤机系统，引进设备为9-34Ve/4.7滑行刨煤机，采高0.8～1.675 m，电机功率2×315 kW，生产能力900 t/h，配套输送机PF2.30/732，功率2×315 kW。工作面远程控制系统采用PROMOS监控系统和PM4支架电液控制系统，技术配置真正实现了计算机远程控制和自动化操作，该套刨煤机2001年1月在小青矿开始试生产，到2002年4月共用了3个工作面，除去倒面检修等停产时间，共生产271 d，生产煤炭106万t，平均日产3 911 t，最高日产6 480 t，达到年产120万～150万t的水平，实现了薄煤层采煤高产高效的目的。

刨煤机在开采薄煤层和中厚煤层时，不但提高了采煤效率，而且还提高了生产的安全性。当中国自主研发生产的刨煤机不能满足中国矿井工况复杂的开采要求时，必须要引进国外先进的刨煤机技术。引进国外的先进技术后，就要学习其先进的技术，并研发具有自主产权的刨煤机。刨煤机在井下的实际应用暴露了在设计、制造技术及配套设备等方面的诸多问题，试验过程中故障率较高，停机时间长。主要反映在刨头运行阻力大，刨头底座和刨链磨损严重，多次出现刨刀合金头脱落和断链事故，经常发生卡死刨头现象，造成问题的主要原因是：①刨头刨削及运行机制不明确，部分结构不合理，关键部件设计强度低。②刨煤机滑架制造精度低、误差大，不能互换安装。

本书作者研究的项目刨煤机优化设计及力学行为分析已经在张家口煤矿机械有限公司和项目组成员共同努力下完成。在项目研究期间，张家口煤矿机械有限公司研制出了BH30/2×160型滑行刨煤机（图1–5），并且已经在平顶山煤矿投于应用，效果良好。这不仅为本书提供了非常宝贵的资料，也体现了理论研究在工程问题中的应用价值。

图1–5 张家口BH30/2×160型滑行刨煤机

1.1.3 国外刨煤机发展与应用

在一些煤炭生产发展较早的机械化煤炭开采国家中，德国和苏联对刨煤机的研究处在世界前列。自20世纪40年代以来，德国刨煤机的自动化水平处在了世界前列，刨煤机得到了快速的发展和应用，其成为薄煤层机械化的强大动力。欧洲主要产煤大国，如德国、波兰、俄罗斯、法国、西班牙等，刨煤机产煤量占总产量的50%以上。在德国，1.6 m以下的薄煤层中，几乎全部采用刨煤机采煤，在1.6～2.2 m中厚煤层中也大部分用刨煤机采煤，当煤层厚度超过2.5 m时，滚筒采煤机才占主要位置。据介绍，德国薄煤层1.8 m以下的30多个高产工作面中，只有1个滚筒采煤机工作面，其余全是刨煤机工作面，刨煤机的日产量可达5 000 t以上，年产量达200万t以上。在波兰，平均65个工作面都在使用刨煤机。在俄罗斯，刨煤机的使用量每年达到150多个。澳大利亚、南非等主要产煤国薄煤层工作面也都使用了全自动化刨煤机。使用刨煤机效率最高的是美国，它的薄煤层刨煤机工作面年产量可达300万t以上。

苏联早在20世纪30年代就已经在薄煤层开采中使用比较简单的犁形采煤机械，这是刨煤机的雏形。由于煤炭采出率的要求，加之技术进步的支撑，经过几十年的努力，刨煤机采煤方法在苏联已相当成熟，刨煤机在苏联各矿区得到广泛应用。为方便刨煤机的设计、制造和选用，把刨煤机设计计算方法、机械制造工艺参数以及煤层赋存条件参数与刨煤机技术参数匹配关系固化为苏联国家标准或部颁标准，这种刚性措施使刨煤机采煤技术与方法在苏联得到空前发展。近十几年来，刨煤机技术在俄罗斯未见起色，尤其在刨煤机工作面自动化方面已落后于德国。

1.2 刨煤机研究概述

刨煤机通过刨头上的刨刀完成对煤层进行刨削。由于煤层介质性质复杂，介质种类不单一，具有各相异性特性，是由原生态和地质运动形成的复杂特征材料，对这种介质进行破碎工作的过程叫刨削或截割。刨煤机的主要运动是刨头在牵引下往复运动，它主要起落煤和装煤的作用。它的工作性能还直接影响刨煤机的运动。刨头性能主要由结构的合理性决定。一个工作效率高、结构合理、适应性强的刨头应该有以下特点：可以方便控制刨头转向，刨削能力强；刨刀排列方式合理，方便刨刀更换；高度容易调整；阻力小，能实现较低的比能耗；运行平稳。

刨煤机和其他工程机械类似，都有其自己特殊的设计方法和理论，也就是刨煤机理论。这是刨煤机研究与发展的基石。伴随着时代的发展、科学的进步、理论研究的不断深化，对刨煤机理论的发展也进入了新的阶段。在不断的理论研究与实践发展中，刨煤机理论核心主要为煤炭切削（刨削或截割）机理研究、刨煤机力学模型构建与受力分析研究、刨煤机动力学研究、刨煤机工况参数优化以及刨煤机可靠性研究。

1.2.1　国外刨煤机理论研究现状

1.2.1.1　煤炭切削机理研究方面

在20世纪中期，A. H. 别隆等苏联学者，进行了一系列关于煤炭切割的研究实验，他们提出了一个学说叫作“密实核”，其主要描述的是切削煤炭的运动规律，这为以后的破煤过程和作用在刀具上的载荷研究打下了基础。20世纪中下旬，英国学者Evans和日本学者西松通过研究实验，分别提出了以最大拉应力破坏为前提的力学模型和西松模型，在1993年，中国学者牛东民提出了断裂力学破煤理论等。

1.2.1.2　刨煤机力学模型构建与受力分析研究方面

在20世纪50—80年代，苏联国家煤矿机械设计与实验研究院、A.A.斯科钦斯基矿业研究院和莫斯科矿业大学等学者通过一系列研究计算，对刨刀力学计算、载荷谱分析、装载力计算、牵引链张力计算和刨煤机运动参数的选择和计算等做了大量研究，形成了一系列标准。1971年和1972年，德国Aachen大学教授Bernhard Sann博士通过对刨煤机力学的研究，主要是刨煤机的受力情况，如刨刀受力、刨头受力、刨头装载力、刨链预紧力等，整理归纳得到了一系列公式。应用静力学分析，对拖钩刨煤机和滑行刨煤机的刨头受力进行分析。通过分析装煤过程，得到了相应的计算公式，与此同时也得到了刨链的受力状态，通过对上、下刨链张力的计算，归纳分析得出预紧力计算公式。

1.2.1.3　刨煤机动力学研究方面

1971年，德国Aachen大学Klaus Ahrens对刨煤机动力学进行了研究。建立了无阻尼3自由度刨煤机动力学模型，刨煤机系统由3个质量块和3个弹簧组成的系统来表示。刨头和两端主辅驱动作为3个质量块，其间的链条被看作弹簧，把刨头两侧链条的部分质量加到刨头的质量上，还有部分链条质量加到主辅驱动上，并与主辅驱动的质量相比忽略了此部分链条质量。模型中考虑了链条预紧力的影响，忽略了阻尼，没有考虑链轮多边形效应的影响。通过模拟，得到刨头在不同位置、不同预紧力和确定刨头阻力值作用下的振动响应、3段链条的张力以及驱动力的变化曲线。

1.2.1.4　刨煤机结构设计和工况参数优化研究方面

1991年，德国Peter Brychta和Gerald Kröger研究了工作面刮板输送机和刨煤机的测试诊断系统，开发新的测试装置，对工作面输送机和刨煤机的有用功率进行了测量，并测试了链的张力，包括静止时的初张力和运行时的链张力。1993年，德国M.Vehip Kaci和Michael Wölfle分析研究了刨煤机和刮板输送机的链条张力，并对运行时链条中的力进行了测量。刨头前后链张力差表示刨头截割力和装载力之和，刨头越接近牵引驱动装置，在负载相同时，刨头前的剩余预紧力越高。介绍了测量链条中力的方法，还可以借助计算机模拟链条的负荷变化。

1993年，德国Stefan Eisenhauer对刨煤机刨链的不同链道形状和其他一些因素对摩擦阻力的影响进行了实验研究。2001年，德国Ulrich Paschedag等分析研究了计算机在高性能刨煤机系统控制和操作中的应用，实现了预定刨削深度控制以及刨煤机驱动系统的过载保护系统的自动控制。2004年，德国Martin Junker等分析研究了新型大功率刨煤机的组成、结构，应用有限元对导向架结构以及刨刀和刀座进行了分析设计。开发改进了刨刀系统和驱动装置过载保护系统等，提高了结构强度和可靠性，分析了新型刨煤机在采煤工作面运行的经验。

1.2.1.5 刨煤机可靠性研究方面

20世纪50—80年代，苏联学者曾针对刨煤机关键结构以及采煤成套设备可靠性方面做了大量研究，详细研究了破煤刀具主要结构参数、寿命计算以及提高刀具可靠性的方法。在大量研究工作面设备系统基础上，研究了成套采煤机械设备可靠性。1993年，德国Astrid Fasel学位工程师分析研究了矿用圆环链强度以及结构可靠性，主要从材料、加工工艺、焊接、热处理、加工过程中的质量检查以及防腐蚀等方面着手研究。2005年，德国Karl Forch和Günther Philipp分析研究了矿用圆环链材料的性能以及在运行中寿命的影响因素，应用断裂力学研究了矿用圆环链的断裂腐蚀。2007年，德国Martin kebler分析研究了导致矿用圆环链寿命降低的因素，包括磨损、疲劳和腐蚀等，并提出了延长链寿命和提高运行可靠性的措施。国外学者对刨煤机的其他方面研究主要在刨煤机的应用方面，如Ulrich Paschedag和Manfred Bittner等许多学者分析研究了刨煤机的使用和运行情况以及对刨煤机的应用和发展进行分析总结。

1.2.2 国内刨煤机理论研究现状

中国对刨煤机理论研究起步较晚。

1.2.2.1 刨煤机工况参数优化方面

自20世纪80年代以来，李贵轩通过对煤岩破碎机理和截割刀具的结构参数进行了大量实验研究，分析研究了刨煤机力学模型和刨头力学计算方法等，并对刨头运行参数与工作面刮板输送机运行参数的最优匹配进行研究。

1.2.2.2 刨煤机系统动力学研究方面

康晓敏研究了刨煤机振动的非线性问题，对刨煤机非线性动力学方程求解及动态响应进行了分析，并对动载荷作用下刨煤机刨链的可靠性进行了理论分析。

1.2.2.3 其他方面

在合理选取刨煤机采煤方法的技术管理措施等方面，陈引亮总结了几十年来中国使用刨煤机的经验，于2000年对刨煤机工况参数、刨煤机采煤工艺和刨煤机采煤方法做了合理规范，进行了相应的措施管理。

综上所述，迄今为止关于刨煤机的理论研究以静力学分析为主，因此静力学的研究成果较多。而刨煤机刨刀刨削煤岩力学实验研究、构建刨削煤岩的损伤本构模型、刨刀优化的研究并不多见，在此方面研究成果有限。

1.2.3 虚拟仿真技术在刨煤机设计中的应用

虚拟仿真技术是从分析机械系统整体性能与其相关问题的角度出发，解决采用传统机械产品设计方法学产生弊端的一项技术手段。通过该技术，设计者能够直接使用CAD提供零部件的所有物理信息（如质量、质心位置等）和几何信息，通过计算机对机械系统进行虚拟装配（定义零部件间的连接关系及其作用力、运动激励等），来获得产品的虚拟样机，而且对样机在各种工况下的运行以及受力情况进行仿真分析，从而在产品物理样机制造前就对其性能有所了解，将得到的各零部件载荷作为对关键零件有限元分析的依据。

虚拟样机技术的核心是机械系统运动学和动力学仿真技术，同时包括三维CAD建模、有限元分析、系统及元件的优化、机电液控制等相关技术。利用虚拟样机及虚拟试验，在设计阶段即可评价产品的性能，对缩短新产品研发时间、降低设计成本具有重要意义。对于机械工程子学科采煤机械工程，通过以刨煤机刨头动力学为核心，辅以CAD/CAE相关技术，完成刨煤机和刨煤机子系统虚拟样机的建立，对零部件进行性能分析和优化设计。

刨煤机刨头系统动力学是研究刨头受力及运动关系的，通过研究刨头系统动力学可找出刨头主要性能的内在联系以及规律。通常来说，刨头动力学模型一般分为物理模型和数学模型。刨煤机结构动力学也属于机械系统动力学，正常情况下，可以将多刚体系统动力学和多柔体系统动力学统称为多体系统动力学。图1–6为多体系统动力学与计算机辅助工程关系。

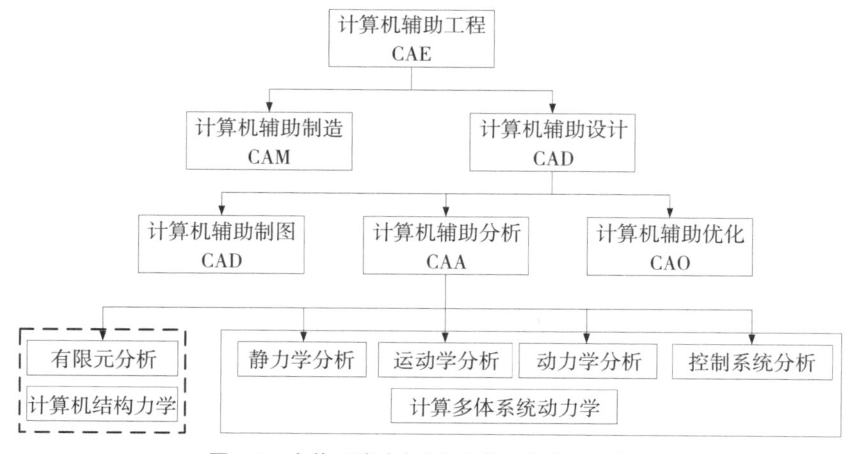

图1–6 多体系统动力学与计算机辅助工程关系

应用虚拟仿真技术，对于解决复杂机械系统的运动，可以起到关键的作用。目前，中国刨煤机制造企业普遍存在产品更新换代慢的问题，使其总体产品质量远低于国外同类产品。提高产品的设计水平，缩短这种差距，现在已成为刨煤机生产迫切要求。国内刨煤机主要存在的缺陷有：刨削功率较小，刨速较低，易出现卡刨现象，从型号、性能、数量上满足不了国内市场需要。产品技术水平、可靠性、制造质量与国外刨煤机有较大差距，对于快速、大功率刨煤机尚处于经验设计阶段，试验研究工作薄弱，短期内难以完成设计开发工作。配套零件的加工质量和可靠性较差，使用寿命短。关键零部件的设计技术和制造水平较低，满足不了煤矿企业生产高效、高可靠需要。国外煤矿机械企业生产的刨煤机虽然价格较贵，但自动化技术较高，销售量占据国内市场的85%以上份额。刨煤机的发展方向是大功率、快速和自动化。为了满足这种发展需要，不仅需要深入研究刨煤机关键零部件的运动特性和受力状态；还需要在产品设计阶段预先考虑刨煤机的整体力学性能，即系统运动学特性、动力学特性等。

国内外对于某些采煤机械结构力学和虚拟仿真技术的研究，为刨煤机结构设计，尤其是对传统静力学的优化设计提出了新的方法和更高的要求。

刨头作为刨煤机非常重要的关键部件，承担刨削煤岩、装煤等主要任务，其结构设计直接关系到刨煤机工作效率，因此，通过实验分析影响刨煤机刨削煤岩的主要因素，构建刨削煤岩损伤本构模型，对刨刀刨削煤岩进行虚拟仿真研究，从而优化刨刀结构，降低刨头动载荷、提高刨刀使用可靠性、提高刨煤机性能。

1.2.4 研究中存在的问题和发展趋势

在滑行刨煤机理论研究和设计计算方面，德国和苏联的专家们做了开创性的贡献。随着时间推移，现今科学家把数学、力学、煤岩破碎、有限元分析等基础理论知识更加深入、更加广泛地用在刨煤机设计方面时，看到前期研究的理论在设计刨煤机方面还有不足之处，主要有：①对刨煤机结构设计只停留在静力学基础上，对刨煤机关键部件——刨头进行动力学设计研究非常少。②对刨头工作过程中与煤岩接触状态研究较少。③未深入研究多种因素对刨刀刨削煤岩的影响规律。④还未形成系统的刨煤机动态结构设计和非常适用的刨头设计方法。

随着薄煤层开采速度的不断提高，对刨煤机结构稳定性、功率和刨头速度的要求越来越高。功率的提高，意味着刨煤机关键零部件将承受较大载荷，对零件的设计提出更高的要求。通过对数字化样机的研究，完成刨煤机关键零部件的设计，提供一个简化的刨煤机设计方案。从文件检索上来看，目前国内大部分论文都集中于对刨刀进行简单的有限元分析，因此，将通过实验研究刨煤机刨削煤岩的力学特性，同时在构建刨削煤岩损伤本构模型基础上，对刨刀刨削煤岩进行模拟仿真分析，获得刨刀工作时的载荷谱，并应用CAE技术对刨刀进行优化设计。

1.3 刨煤机开采工艺与成套装备

1.3.1 开采工艺

全自动刨煤机系统采煤是薄煤层开采较理想的一种采煤工艺，世界上许多国家，如德国、法国、波兰、西班牙、俄罗斯都广泛采用这种采煤工艺，有些国家刨煤机开采的煤炭产量占总产量的50%以上。

我国煤炭储量非常丰富，但赋存条件多种多样，其中薄煤层储量超过60亿t，约占全国煤炭储量的20%。目前我国薄煤层开采技术相对落后，机械化程度较低，经济效益差，使得许多薄煤层被暂弃不采，这将造成煤炭资源的严重浪费，使矿井的服务年限缩短。因此研究探索薄煤层开采技术，是煤炭行业面临的亟待解决的问题。为了尽快改善薄煤层开采状况，赶上世界先进水平，近几年我国煤炭行业紧紧依靠科技进步，在解决薄煤层开采方面取得了很大成就。例如，我国多家煤炭生产企业与德国DBT公司合作，已引进该公司多套自动化刨煤机回采工作面成套设备，该类成套设备体积和通风阻力小，便于瓦斯管理、降低粉尘，工作面可以实现无人作业，有利于工作面安全生产。图1–7为自动化刨煤机工作面回采工艺示意图。

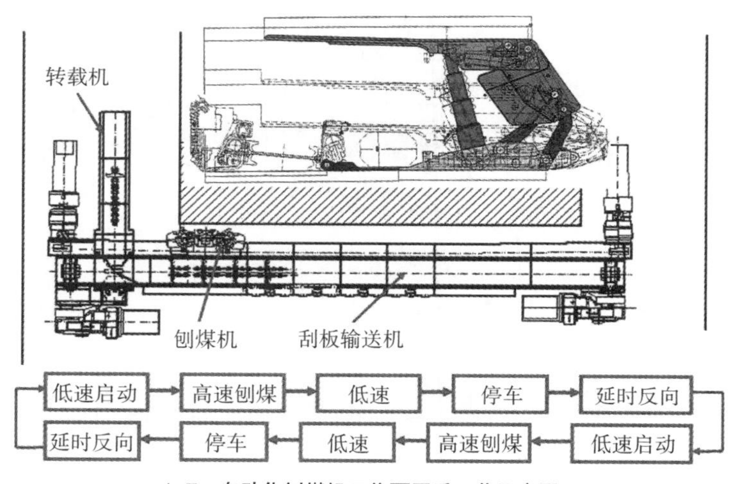

1–7 自动化刨煤机工作面回采工艺示意图

刨煤机工作时，刨头在无级圆环链即刨链的牵引下，沿着安装在输送机中部槽上的导轨（滑架）运行，刨刀将煤刨落，刨落的煤在刨头犁形斜面的作用下被装入输送机运出工作面。图1–8为自动化刨煤机刨头工作示意图。传统采煤机设备截深较大，回采工艺要求十分严格，而刨煤机刨深远小于采煤机截深，从而减小了刨煤机在回采工艺上的局限性。刨煤机工作时，通常工作面两端均采用端头斜切进刀，刨头沿工作面往返刨煤，然后合理调整工作面两端头和中部段刨深，使工作面输送机始终处于平直状态。在刨头运行轨道采空区一侧，安装在液压支架推移杆上的调斜千斤顶可用来实现底刨刀的调斜，在正常生产中调斜千斤顶可人工操作，使刨头下切或上仰，以适应工作面在纵向上的起伏不平。

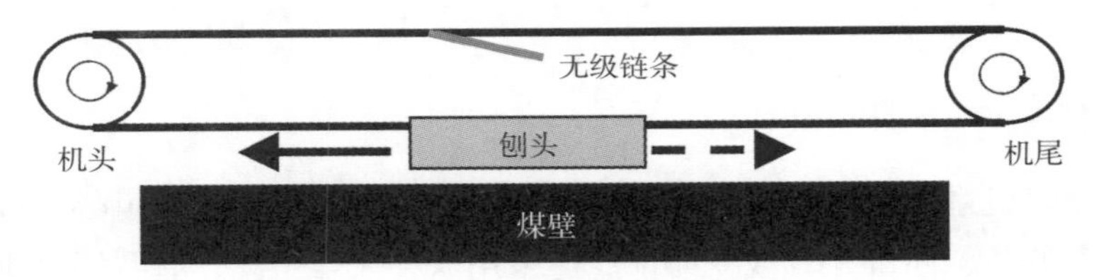

图1-8 自动化刨煤机刨头工作示意图

刨头在工作面往返自动运行及液压支架的各种动作和输送机的推移均由计算机远程控制系统进行控制，工作面内每3个支架上安装一台PM4支架控制单元，每台支架上配有电磁阀和推移测控杆，用以实现支架的各种动作，每个PM4控制单元均有自身的地址和编码；当刨煤机通过当前支架一段距离后，PM4开始控制工作面支架进行相应动作，当推移千斤顶剩余行程小于下次刨深时，液压支架就会自动前移。输送机的推移距离由上行和下行刨深决定，每次输送机的推移量即为下次的刨深。通过PM4单元对支架的控制，可以实现刨煤机对煤壁的定量刨削，从而达到整个刨煤机系统的定量刨煤，其具体过程可参见图1-9。

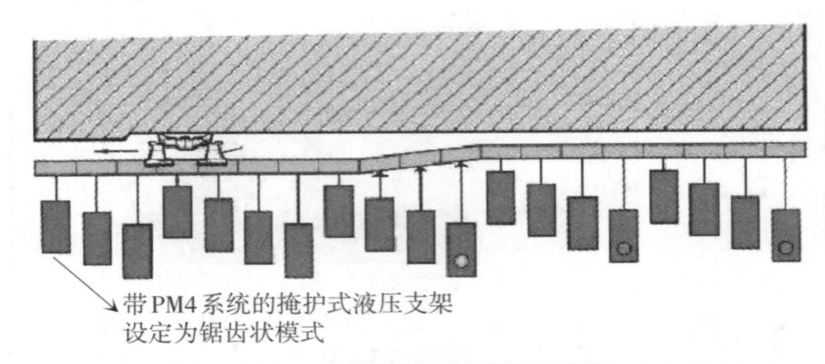

图1-9 刨煤机定量刨煤示意图

这种刨煤方法与传统的刨煤法相比，有较多优点，可以用图1-10的对比图来进行说明。

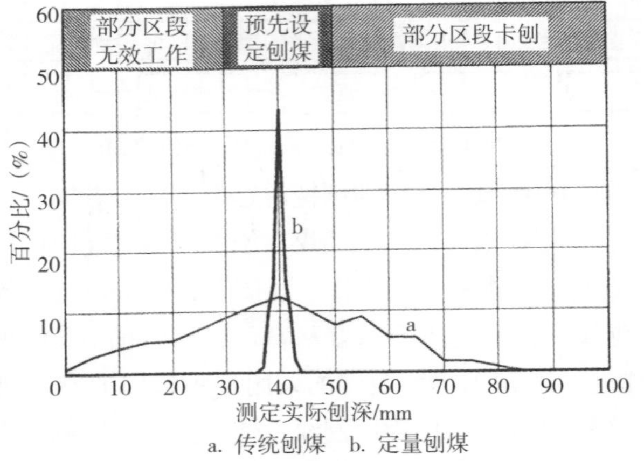

图1-10 传统刨煤与定量刨煤对比

1.3.2 开采工艺设计

刨煤机的开采工艺主要由刨头运行速度、工作面刮板输送机链速以及刨深等因素决定。刨煤机上行刨煤和下行刨煤时，要根据刨头运行速度与刮板输送机链速之间的关系进行。

1.3.2.1 重叠或超载方法

该方法的特点是刨头速度始终大于输送机链速，通常适用于坚硬的薄煤层，输送机上载荷重叠，采用刨头装煤（图1-11）。

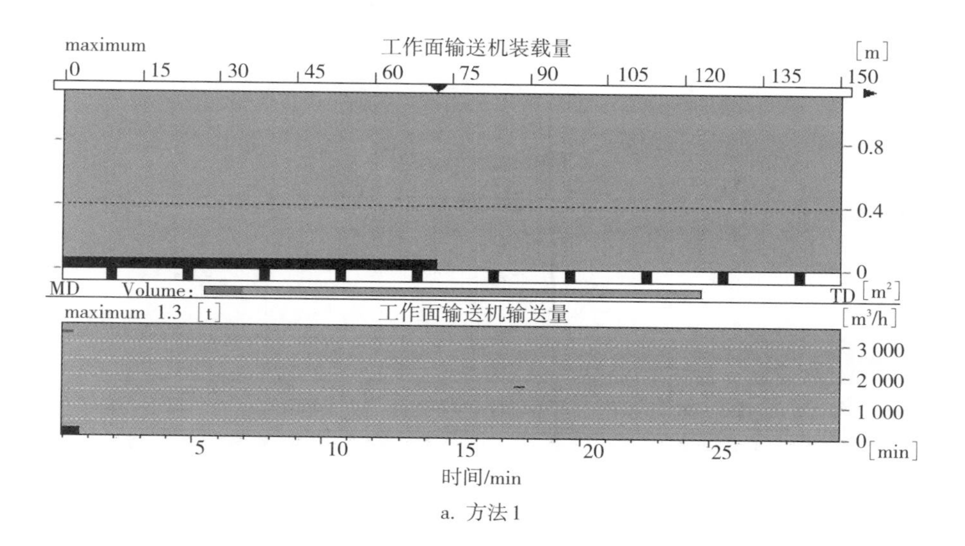

a. 方法1

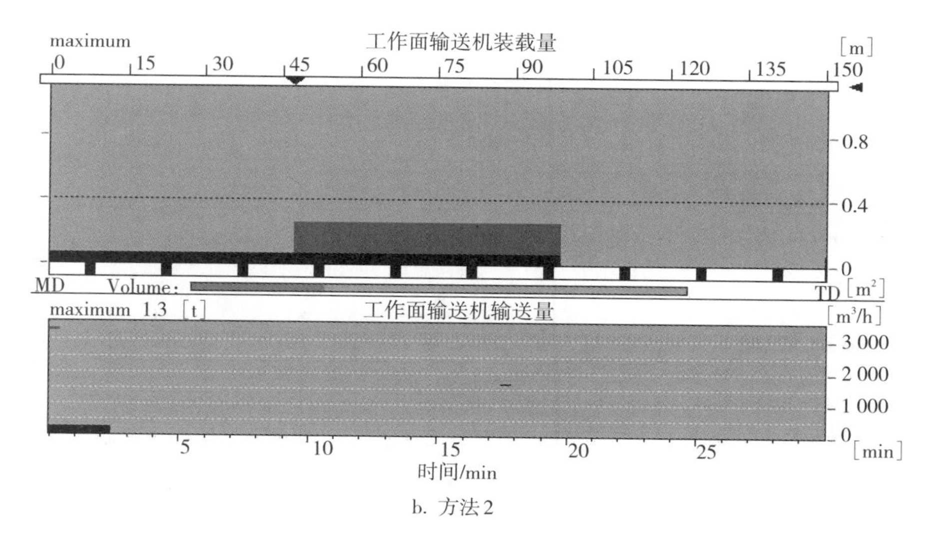

b. 方法2

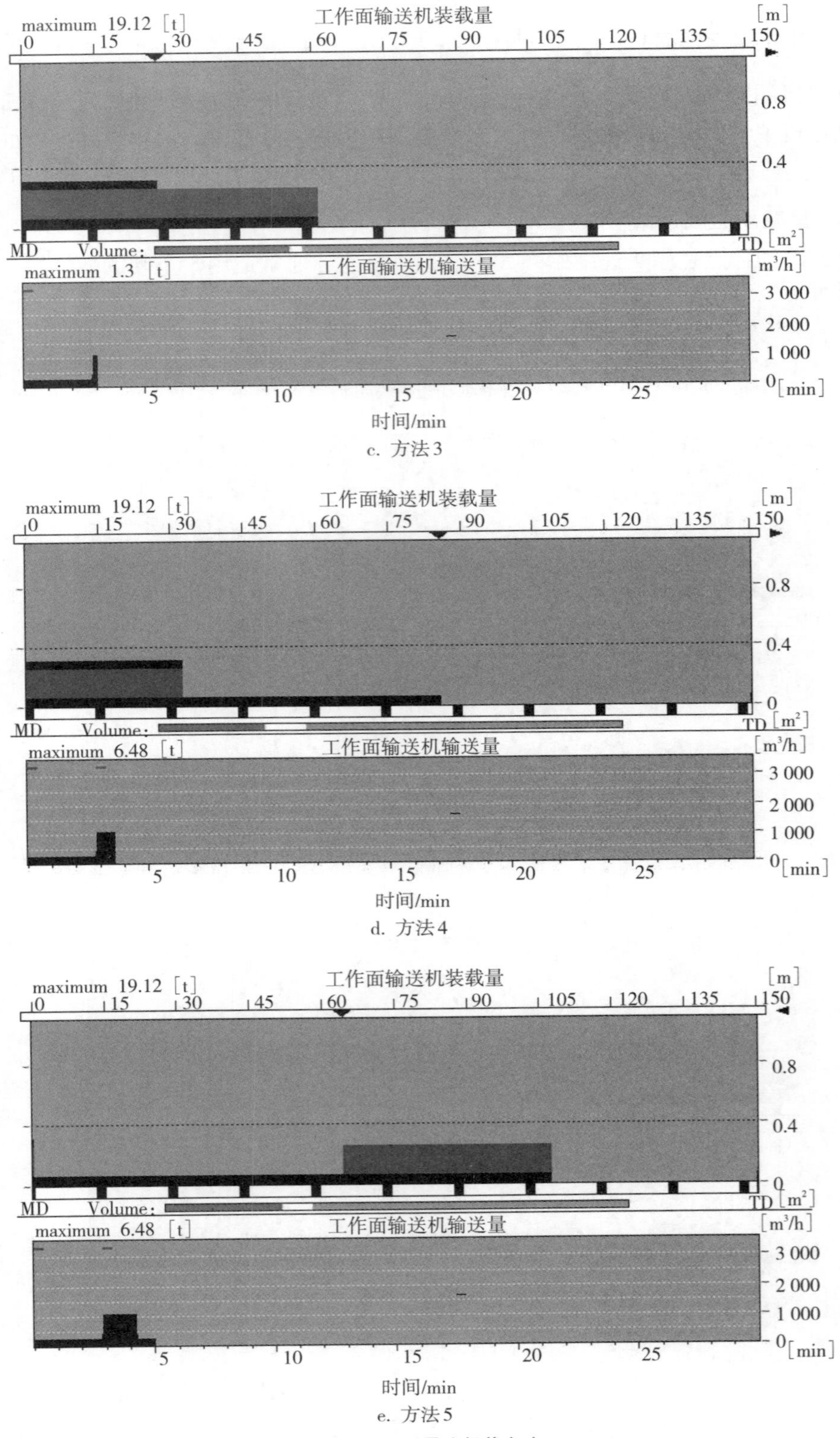

c. 方法3

d. 方法4

e. 方法5

图1-11 重叠或超载方法

1.3.2.2 混合方法

该方法的特点是上行刨煤时刨头速度大于输送机链速，下行刨煤时刨头速度小于输送机链速，通常只用于松软的较厚煤层，输送机上载荷分布较均匀，采用刨头装煤（图1–12）。

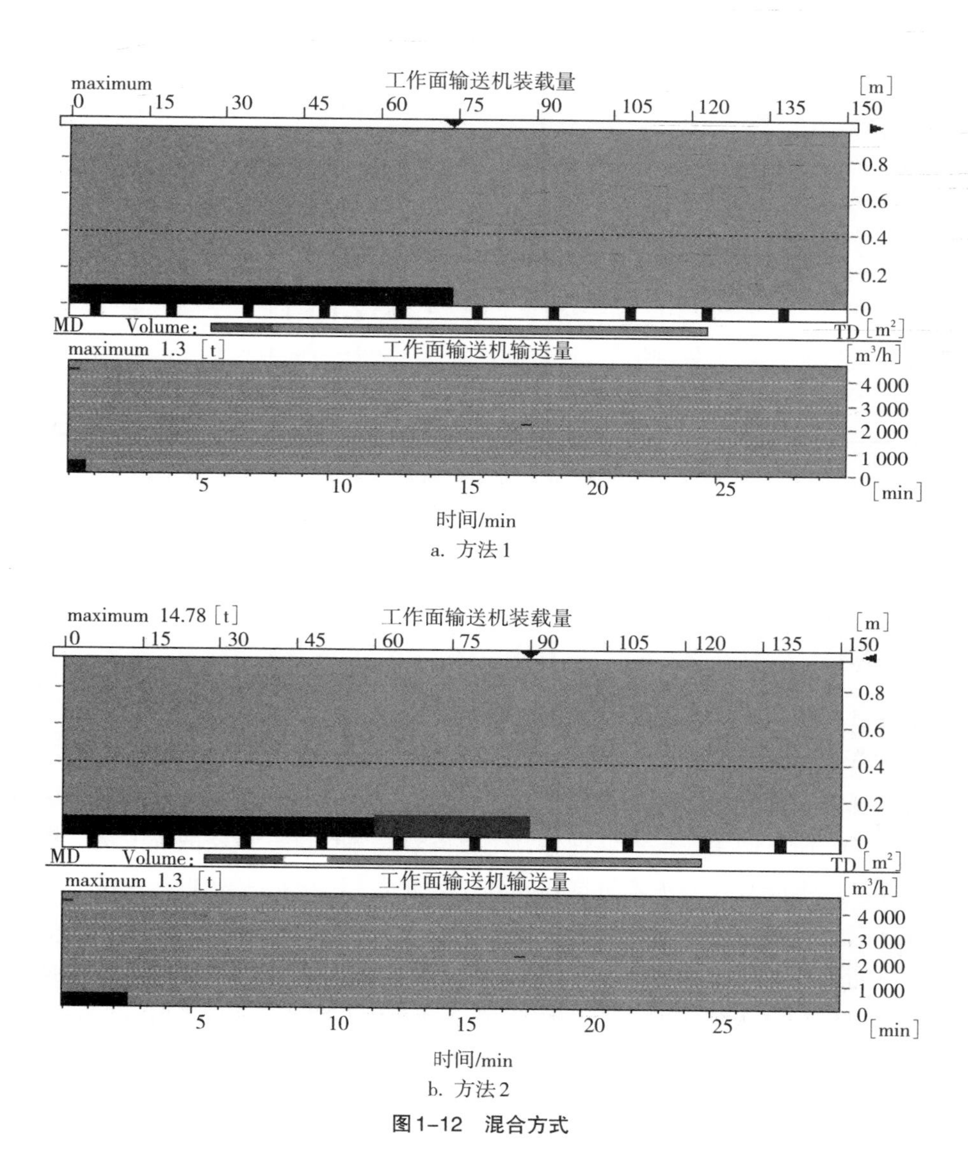

a. 方法1

b. 方法2

图1–12 混合方式

1.3.3 配套设备

自动化刨煤机回采工作面配套设备主要有输送机1部、转载机1部、破碎机1部、电液控制系统1套、电气控制操作台1套以及与刨煤机配套、带有液压/电磁控制系统的工作面液压支架。我国某企业刨煤机工作面成套设备见表1–1。

表1-1 我国某企业刨煤机工作面成套设备

序号	名称	规格型号	备注
1	液压支架	ZY6400/09/20D	国产
2	刨煤机	GH9.34Ve/4.7	进口
3	刨头运行轨道	PF2.30/732	进口
4	顺槽转载机	SZZ-764/160	国产
5	破碎机	PEM650 × 1000	国产
6	胶带运输机	SSJ1000-2 × 160	国产
7	乳化液泵站	GRB315/31.5	国产
8	喷雾泵站	WPB-320/2.5	国产
9	移动变电站	KSGZY-1250/6	国产
10	终端开关	KE1004	进口
11	馈电开关	KBZ-630/1140 KBZ-400/1140	国产
12	多功能组合开关	QJZ-4 × 315/1140	国产
13	双速开关	QJZ-2 × 200/1140	国产
14	真空磁力启动器	QJZ-300/1140	国产

1.3.4 配套设备的基本要求

从高产高效、一井一面、集中生产、集中控制的薄煤层综采发展趋势要求出发，应增大工作面设计长度，选用能刨硬煤的刨煤机组，合理调整刨深，提高刨煤速度，相应地提高液压支架的移架速度，与大运输量、高强度的工作面刮板输送机相匹配，采用长距离运输巷道和相应运输量的皮带输送机；从设备技术性能要求出发，所选综采机械设备必须技术先进、性能优良、可靠性高，同时各设备间相互配套性好，能保持采运平衡，最大限度地发挥薄煤层综采优势。以前，国内一些煤炭生产企业从国外也引进过刨煤机成套设备，但其使用效果不够理想，主要问题是系统配套设备故障率高，液压支架采用手动控制，不能有效解决定量推移问题，因此生产技术水平较低，无法实现薄煤层开采的高产高效。其主要原因是配套设备与主机设备相比，在性能、技术水平、生产能力等各个方面都存在一定的差距，不能完全发挥引进核心设备的工作能力。为此，在对自动化刨煤机进行技术配套时，首先应明确全自动化刨煤机系统对每台设备技术性能、生产能力、安全可靠性的要求，从而确定配套设备之间的相关技术参数，具体要求如下：

（1）设备生产能力要满足高产高效要求。薄煤层刨煤机工作面生产能力决定刨煤机系统其他设备的生产能力，因此要求配套设备的额定生产能力都要满足刨煤机的生产能力，这样才能确保所选用国产设备与全套设备相匹配。

（2）相关配套设备能实现自动化控制。对于薄煤层开采，如果无法实现自动化控制，一方面会给生产人员带来较大劳动强度，另一方面无法达到高产高效的目标。

（3）配套设备安全可靠性高。安全是煤矿生产的第一重任，因此所有刨煤机系统设备必须符合《煤矿安全规程》要求，同时由于薄煤层工作面煤层高度小，人员作业空间狭窄，设备维护不方便，因此必须要求所配套设备的可靠性要高，设备故障率低。

（4）国产设备能够与引进设备实现可靠的连接。因为引进设备的某些零部件标准制度与我国的相关标准有所差异，对零部件材质、热处理、加工精度、供电、供液压、供水、油脂等都有很高的技术要求，因此要充分考虑与之配套的设备、零部件等能充分满足全套设备的整体要求，达到高产、高效、全自动化的目的。

1.4 小结

本章概括了刨煤机的发展与应用情况，总结了刨煤机理论研究现状，阐述了刨煤机成套装备配套的基本要求及其开采工艺。

2 自动化刨煤机工作原理与主要结构

2.1 刨煤机工作原理

薄煤层全自动化刨煤机成套设备主要由刨煤机、输送机、转载机、破碎机和自动控制系统所组成。刨头沿运行导轨，由刨链牵引，通过机头、机尾传动部在工作面往复运动，依靠刨刀对煤壁形成的静压力将煤刨落，在刨头和导轨犁形斜面的作用下将煤装入输送机运至工作面下端口。底刨刀和液压支架定量推进系统控制刨削深度，电气自动控制系统及电液控制系统控制刨头驱动电动机减速、停机、反向和液压支架的推溜、降架、拉架和升架。如此循环往复，实现全自动化连续采煤（图2–1）。

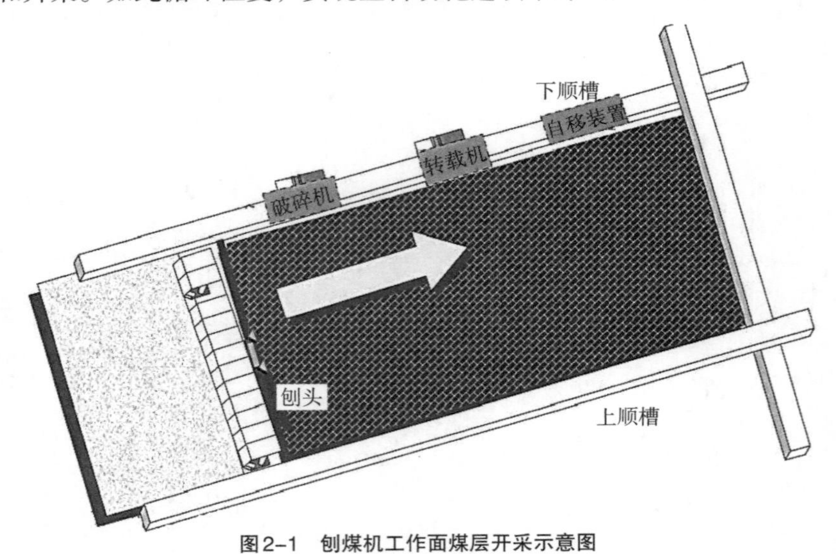

图2–1　刨煤机工作面煤层开采示意图

2.1.1 工作面配套设备

以我国某煤炭生产企业自动化刨煤机工作面为例。图2–2是刨煤机工作面配套设备示意图。自动化控制系统包括PROMOS控制系统和PM4液压支架控制系统。PROMOS控制系统是整个自动化工作面的控制核心，它主要包括PE2000E控制器、控制系统电源PE2307AR、操作控制台PE4007C、KE1004开关、KCC1C控制接口、辅助控制器PE4021、急停开关PE7121、扩音电话PE9354W、扩音电话PE9351K、控制接口PE4110、电控水阀HG6020D、流量计HRS20MI、选择开关PE3010、启停开关

PE3011S、电磁传感器1N22-1-165-10、同步开关、终端停止开关。其中控制器、电源、操作控制台位于变电列车上的控制室内，KE1004开关位于变电列车处，其余设备位于工作面及运输顺槽。图2-3是刨煤机自动控制系统图。PM4支架控制系统包括的设备有：MCU主控单元、PM4服务器、5 V直流电源、12 V直流电源、交流滤波器、电源适配器、绝缘适配器、数据耦合器、电磁阀驱动器、PM4支架控制器、立柱压力传感器、位移传感器等。其中，MCU主控单元、PM4服务器、交流滤波器、数据耦合器及相关电源、电源适配器位于变电列车上的控制室内，其余设备位于工作面内，MCU主控单元的连接关系如图2-4所示。

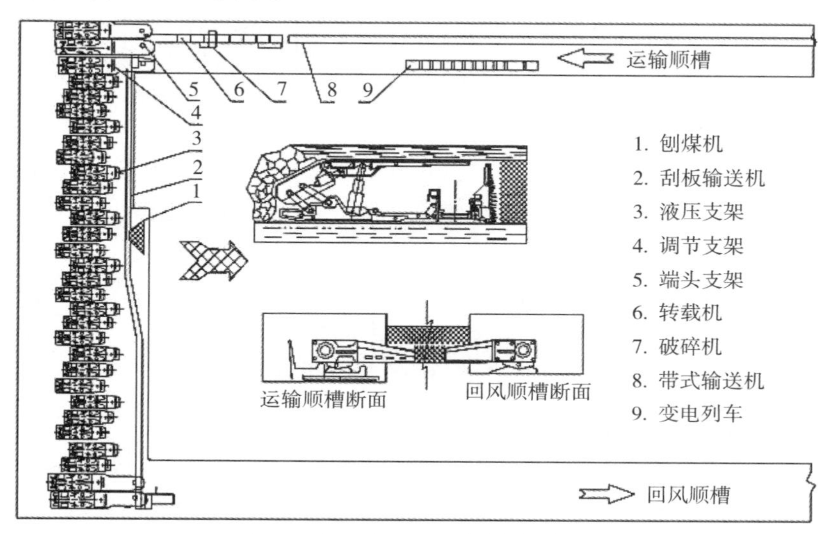

图2-2 刨煤机工作面配套设备示意图

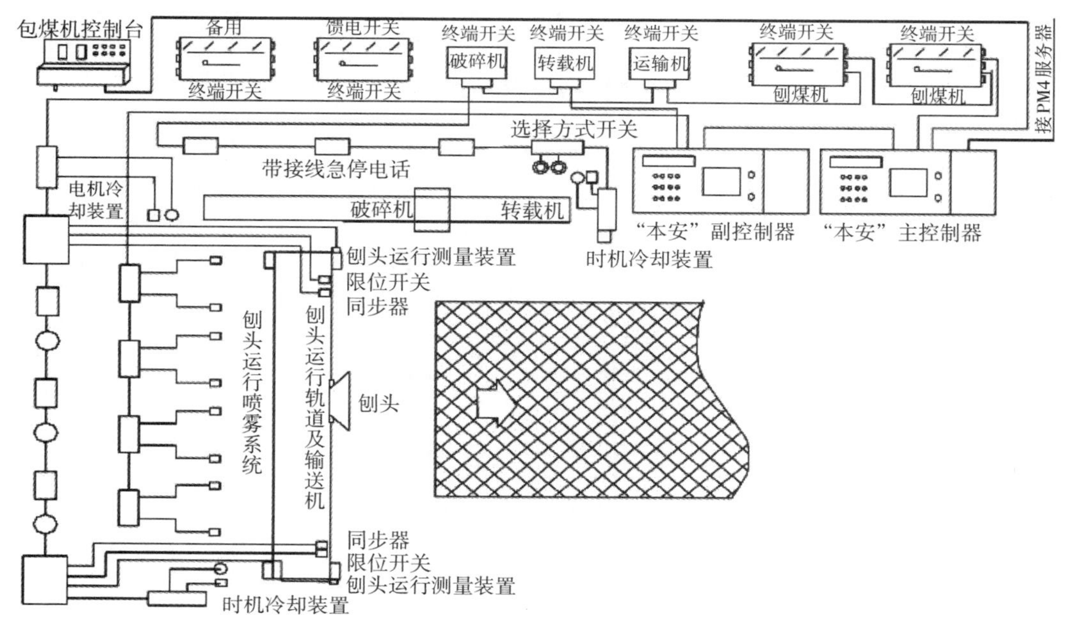

图2-3 刨煤机自动控制系统

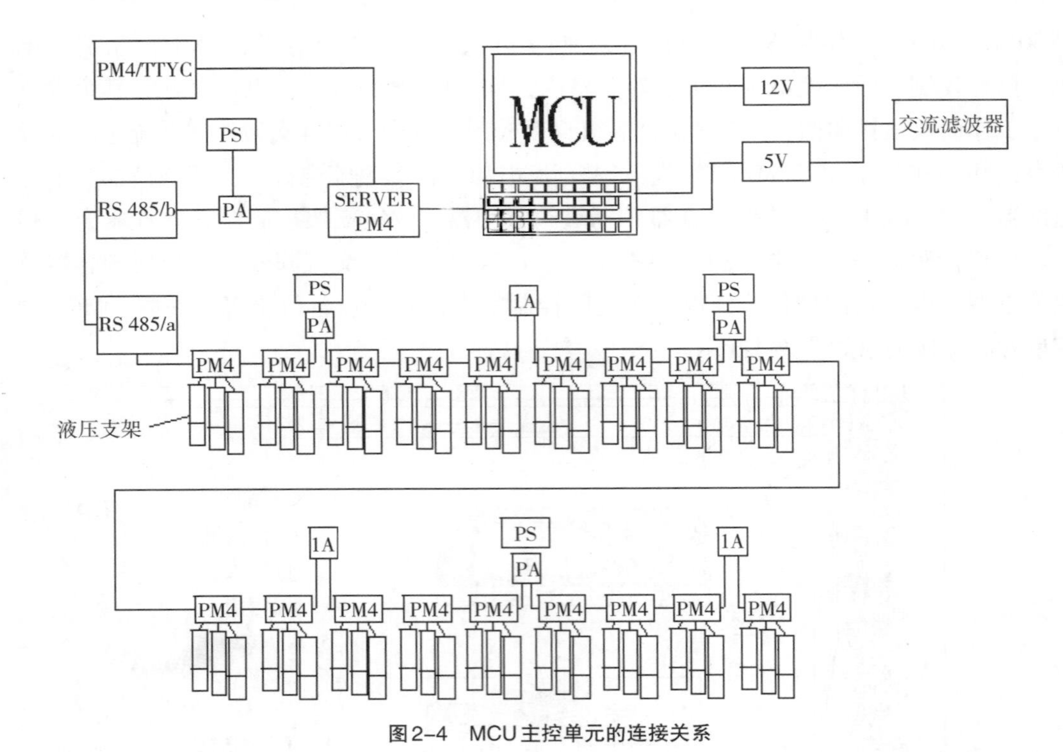

图2-4 MCU主控单元的连接关系

2.1.2 刨煤机工作面相关配套设备的主要技术数据

刨煤机工作面相关配套设备的主要技术数据见表2-1 ~ 表2-3。

表2-1 刨煤机主要技术数据

项目	主要技术数据
刨头	最小高度880 mm，最大高度2 010 mm
额定生产能力	750 t/h，煤层厚度为1.8 m
刨链速度	0.96/1.92 m/s（上行1.92 m/s，下行0.96 m/s）
刨链	单链38 mm × 137 mm
链环材质	23MnNiCrMo52
链条重量	29 kg/m
链环	破断力1 810 kN
链连接头	最小破断力1 810 kN
刨头导轨	焊接在运行轨道工作面侧，导轨材质WL70，导轨高度548 mm
溜槽连接头破断力	工作面侧哑铃销2 000kN，拉力1 230 ~ 1 410 N/mm²
导轨弯曲度	水平+1.2° ；垂直+6.0°
接近底链方式	打开上导轨
电动机台数	2
机头驱动部安装功率	200/400 kW，1 140 V，50 Hz持续功率
电动机绝缘等级	H
电动机保护等级	IP56
额定电流	160A/267A
启动电流	550%/660%FLC

续表

项目	主要技术数据
额定转速	740/1 485 r/min
过热保护	3 × PTC绕组
冷却水流量	15 L/min
机头驱动部安装功率	200/400 kW，1 140 V，50 Hz持续功率
电动机绝缘等级	H
电动机保护等级	IP56
刨煤机机头驱动架	HK30–2整体链轮
电动机最大功率	1 × 400 kW；16：1~33：1

表2–2　刮板输送机主要技术数据

项目	主要技术数据
型号	PF3/822
额定输送能力	1 711 t/h（t/h）
可用断面	0.36 m^2
运行轨道长度	机头、机尾链轮之间约262.25 m
工作面设计长度	257.55 m
链条速度	1.32 m/s（高速），0.66 m/s（低速）
运行轨道链条	双中心链34 mm × 126 mm
链条材质	23MnNiCrMo52
链条重量	22.7 kg/m
链环	破断力1 450 kN
模块式链连接头	最小破断力1 700 kN
刮板材质	42CrMo4锻造
刮板重量	39 kg
刮板间距	756 mm/6链环
链条中心距	150 mm
中部槽	PF3/822封底式，工作面侧焊接刨头导轨9~38ve
溜槽长度	150 mm
溜槽宽度	822 mm（外沿宽度），694 mm（内槽宽度）
中板厚度	30 mm
中板材质	ST75Mn
底板厚度	20 mm
槽帮高度	244 mm
槽帮钢材质	ST75Mn
溜槽连接头破断力	工作面侧哑铃销2 000 kN，拉力1 230~1 410 N/mm^2
溜槽弯曲度	水平+1.2°，垂直 ± 6.0°
进入底槽方式	检查槽
检查槽	工作面每10节槽有1节检查槽，工作面上、下端头22.5 m内每5节槽有1节检查槽
刨头导轨	9~38ve
导轨材质	WL70
电动机台数	2
机头驱动部安装功率	200/400 kW，1 140 V，50 Hz持续功率
电动机绝缘等级	H
电动机保护等级	IP56

表2-3 工作面液压支架主要技术数据

项目	主要技术数据
型号	两柱掩护式
支架中心距	1 505 mm
底座型号	分离式
安全系数	冲撞和弯曲安全系数>1.5
外径	159 mm
活塞直径	135 mm
活塞杆直径	80 mm
行程	750 mm
推溜力	160 kN
拉架力	297 kN

2.1.3 刨煤机工作面成套设备启动步序

全自动化刨煤机工作面设备具有严格的启动顺序。首先，启动乳化液泵站，使其工作压力达到规定值，为工作面内所有液压支架的工作提供动能。第二，启动喷雾泵站，使其工作压力达到规定值，为相关电动机及减速机提供冷却水，并为工作面内的喷雾降尘提供一定压力的水源。第三，待上述两项工作准备完成后，在操作控制台（PE4007C）上按照以下顺序启动：破碎机→转载机→运输机→刨煤机。

上述设备启动后，启动信息自动反馈给PROMOS控制系统（图2-5），而后该系统按步序启动工作面所有设备，刨煤机系统自动进入工作状态。

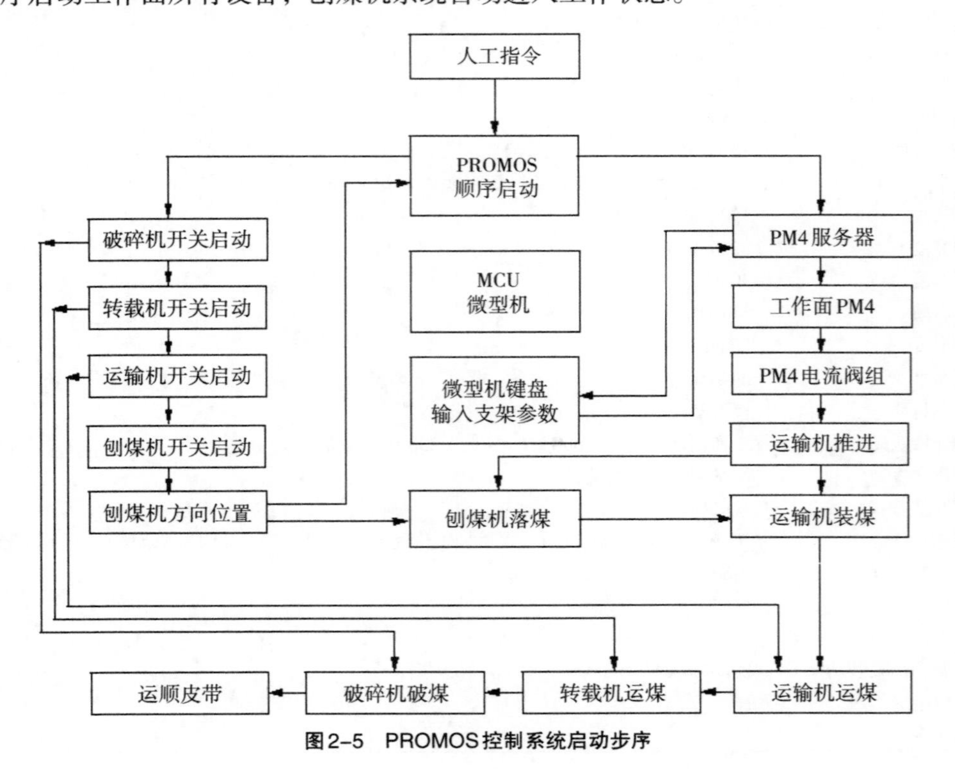

图2-5 PROMOS控制系统启动步序

2.2　刨煤机结构

刨煤机是薄煤层工作面刨削煤层的动力设备，主要由刨头和回采工作面两端驱动装置、刨头运行导轨及无级牵引链（刨链）组成。

2.2.1　刨头

刨头是刨煤机的截割部，是直接刨削煤壁的关键部件，主要由刨体、加高刨刀座、中心顶刨刀架、左（右）底刨刀架、顶刨刀座、刨链连接器、煤粉清扫器等部件组成（图2-6）。

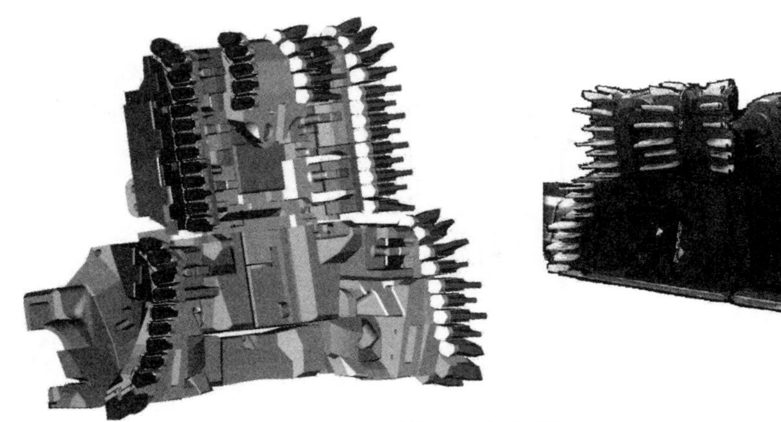

图2-6　刨头结构图

安装刨刀的刨头在刨链的牵引下，沿刨头运行轨道自动往返运行刨削煤壁。当煤层厚度发生变化时，可通过安装不同形式的加高刨刀座或调节中心顶刨刀架，改变刨头的工作高度，实现对不同厚度煤层的有效开采；当煤层起伏较小时，可通过调节底刨刀架位置，使底刨刀实现上飘和下啃，将刨落的煤一次性最大数量地装到刮板输送机上，提高煤炭回采率。

（1）刨体是整个刨头的核心部分。一方面用来与运行导轨（滑架）相连接，实现刨头往复运行，从而对煤壁进行刨削；另一方面刨体是其他部件的载体，用来把各个零部件装配在一起，实现刨头的全部功能（图2-7）。

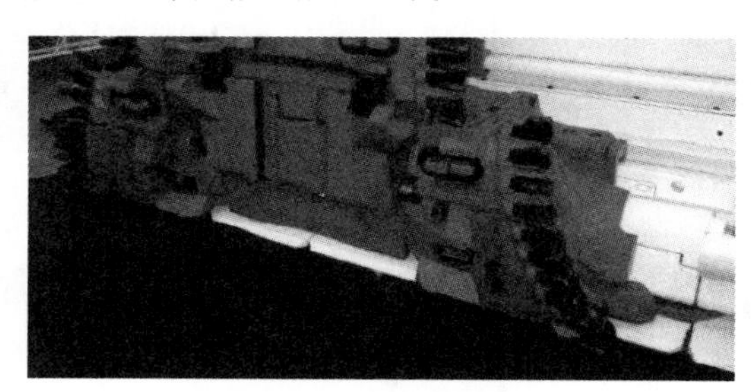

图2-7　刨体结构

（2）加高刨刀座主要有两个作用：一是用于安装中部刨刀；二是用于调节刨头高度，从而使刨头能够实现对不同厚度煤层进行刨削（图2–8）。

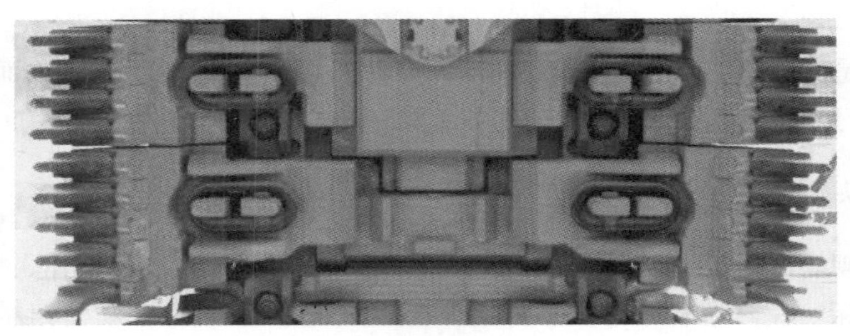

图2–8　加高刨刀座结构

（3）左（右）底刨刀架主要有两个作用：一是用于安装底刨刀，对靠近底板的煤进行刨削；二是用于把位于底板的煤装到刮板输送机中部槽上（图2–9）。

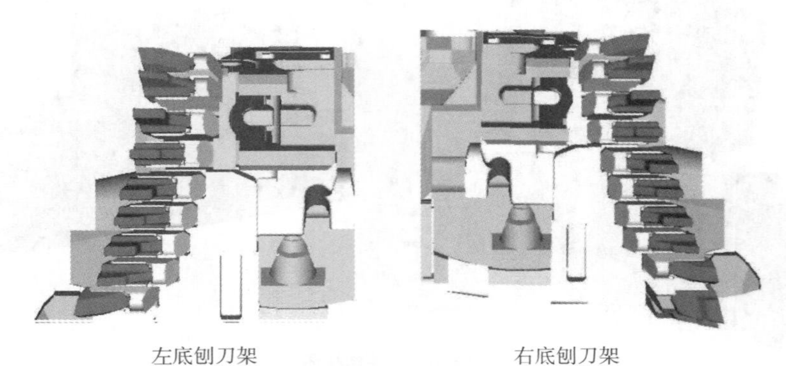

图2–9　刨刀架结构图

（4）顶刨刀座主要用于安装顶部刨刀和无级调节刨头高度，从而实现对煤层顶部进行刨削，清理顶煤（图2–10）。

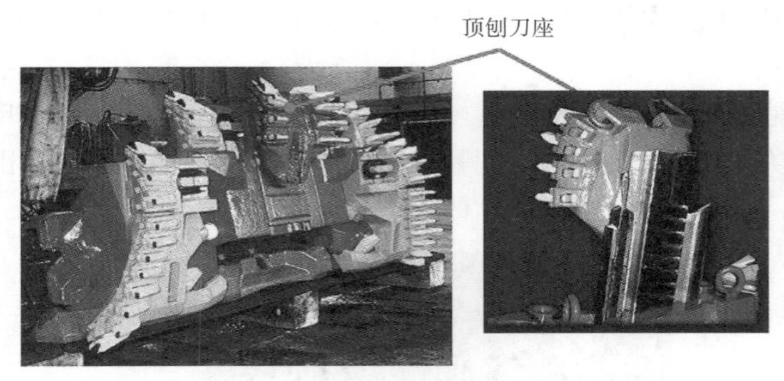

图2–10　顶刨刀座

（5）滑靴安装在刨头下端，是刨头与运行导轨直接接触的部件，拆装比较方便，易于在井下工作面更换。其作用主要用来支撑刨头，减小刨头磨损，延长刨头的使用寿命（图2–11、图2–12）。

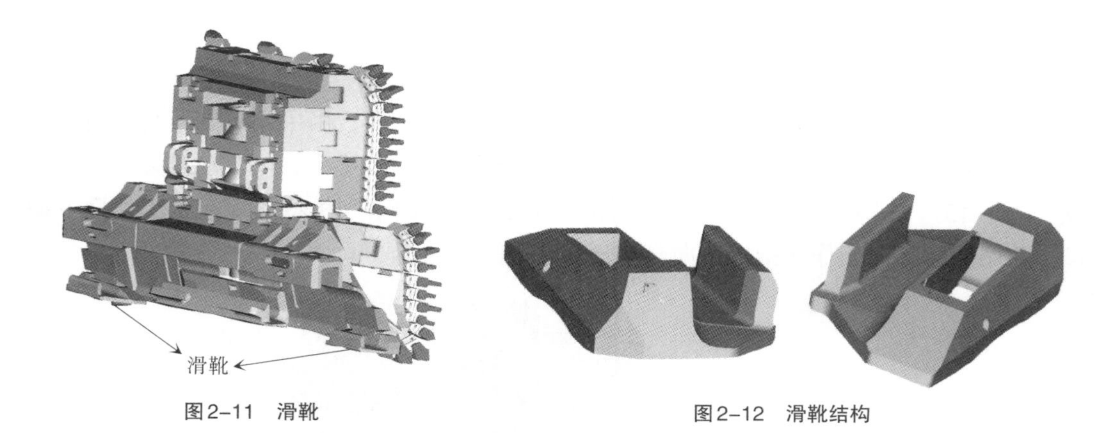

图2-11 滑靴

图2-12 滑靴结构

(6) 在刨头下侧刨体两端的牵引链装置前端装有煤粉清扫器，其作用在于自动清除煤粉，确保刨链运行畅通无阻（图2-13)。

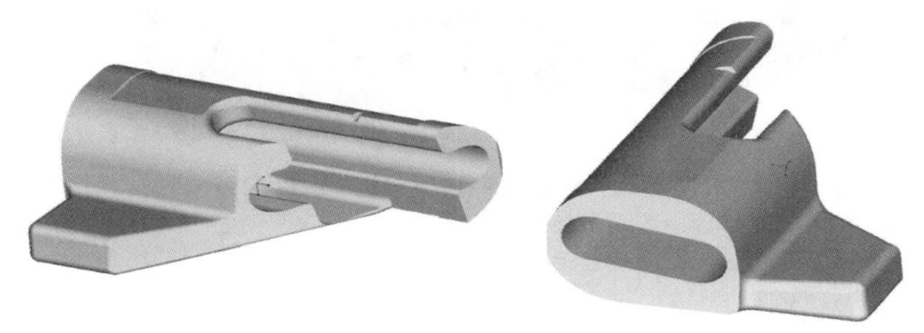

图2-13 煤粉清扫器结构

(7) 刨链连接器具有可旋转、防止刨链扭曲的作用（图2-14)。

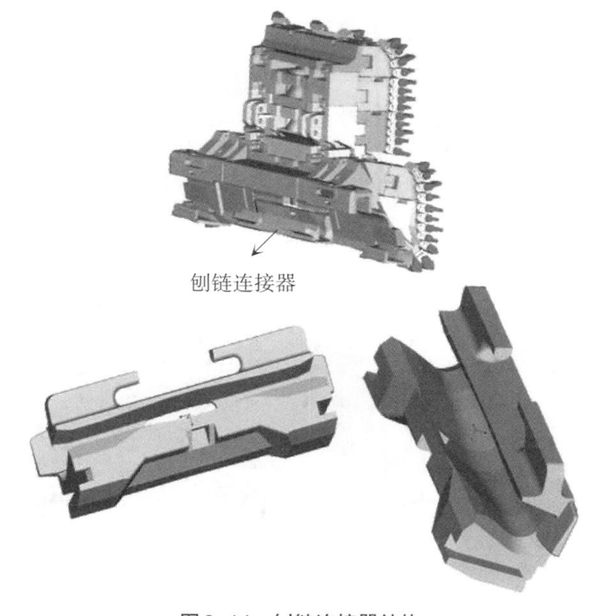

图2-14 刨链连接器结构

2.2.2 刨头运行导轨

刨头运行导轨是回采工作面运煤和刨头赖以滑动的装置，由中间标准运行导轨、两端运行导轨、链条、刮板、电缆槽、调斜装置、锚固装置、机头、尾驱动装置等部分组成（图2-15）。刨头运行导轨接受刨头刨削的煤块，由链条刮板将落煤运至工作面下端口，并尾随刨头向工作面推进方向自动迁移。

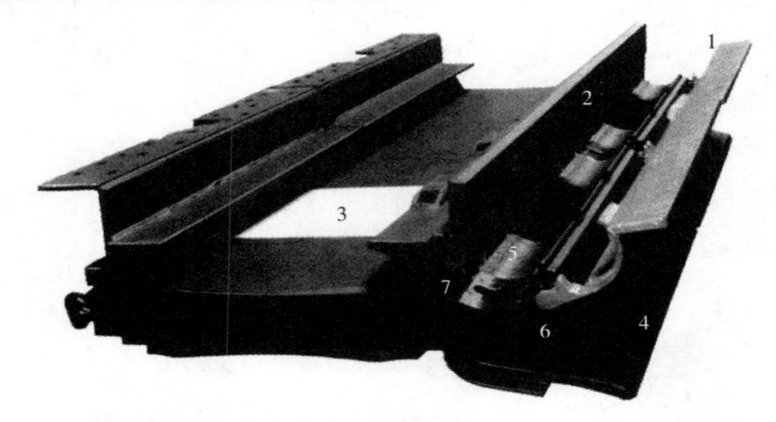

1. 打开的刨链上导轨 2. 抬高的固定底导轨 3. 检查门 4. 煤壁侧铲煤板
5. 尾板 6. 导轨梁 7. 导轨连接头

图2-15 刨头运行导轨结构图

（1）中间标准运行导轨长度较短，由水平钢板封底，在工作面侧与刨头滑架焊接，在采空区侧与挡煤板焊接，挡煤板上由螺栓连接正方形断面电缆槽，槽内铺设工作电缆、液压管路和水管等。中间标准运行导轨的具体结构可参见图2-16。

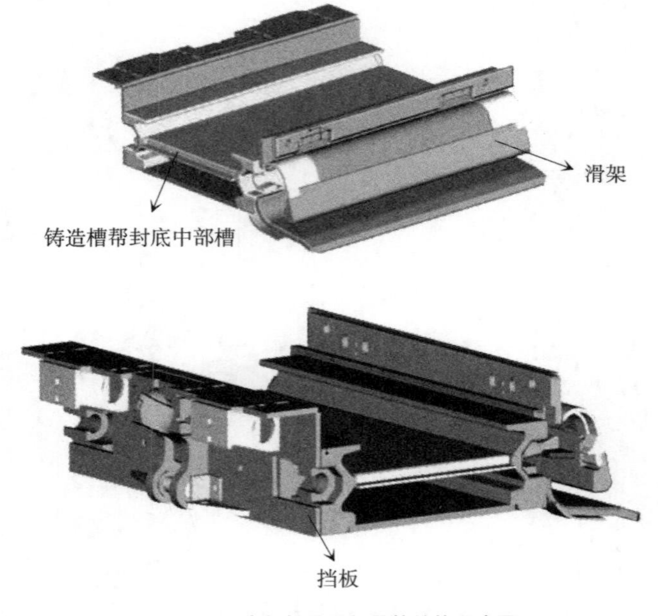

图2-16 中间标准运行导轨结构示意图

（2）两端运行轨道由1节3 m的过渡轨道和1节1.5 m的变线特殊轨道及1节0.75 m的调节轨道组成，整体上具有一定的曲度，与工作面两端头的机头、机尾架连接。其中，0.75m长的调节轨道为机动安装轨道，视端头支架位置，及其配合的需要来确定是否安装。两端运行轨道的作用主要是实现刮板在两端链轮处的平稳过渡以减少设备的磨损（图2–17）。

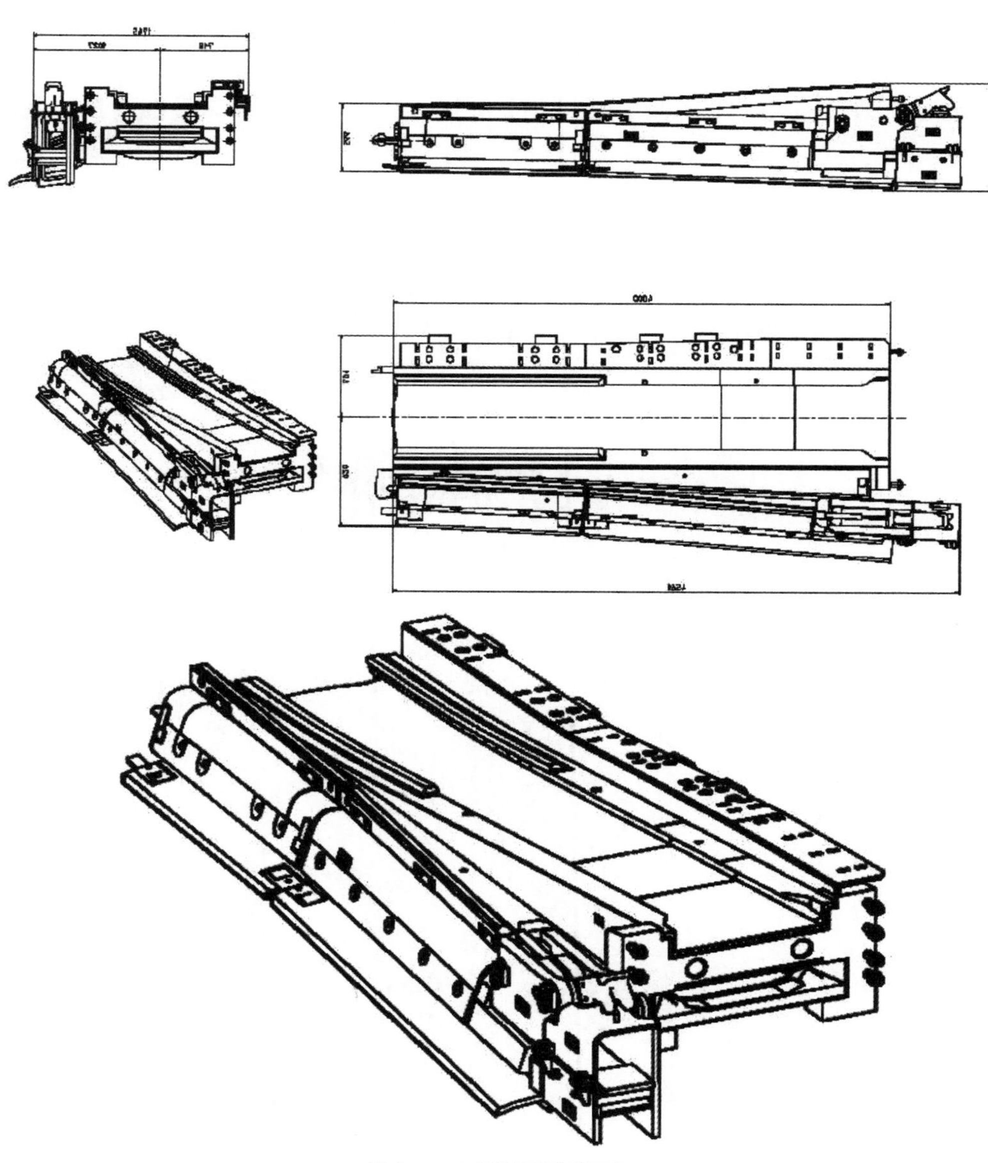

图2–17 两端运行轨道结构

（3）刨头运行轨道从机头架至机尾架需用一段每节3 m长的过渡轨道，依次连接3节1.5 m长的变线特殊轨道和1节0.75 m长的调节轨道。中间为1.5 m长的标准运行轨道，且每6节安装1节带检测门的检测轨道，以便对底链装置出现的故障进行及时处理。轨道与轨道接口采用3种连接方式：①在煤壁侧为“方形”连接销。②在采空区侧为“哑铃”式连接销。③轨道板间对接为凸凹镶嵌连接。

运行轨道槽帮靠煤壁侧焊接有刨头运行导轨、刨头牵引链道、铲煤板，其中链道由弧形板封盖，以隐蔽刨头牵引链在链道腔内工作，确保其运行安全可靠性。当链条、“方形”连接销在安装、拆除、检修处理时，需要打开弧形盖。刨头运行轨道的槽帮靠采空区侧焊接有挡煤板，挡煤扳上安装有电缆槽、调斜千斤顶连接座、液压支架推移杆连接耳座及其他调斜控制、电气控制等附加装置。刨头运行轨道机头（尾）架连接处的过渡、变线、调节特殊轨道的挡煤板上的可移耳座，是液压支架推移杆的着力点，实现端头驱动装置迁移。

2.2.3 牵引链

无级牵引链是隐藏在刨头导轨腔内，连接刨头和机头、机尾驱动装置之间的传动链索。其链环规格可参见相关技术标准。运行前必须由液压紧链装置按设定的值对其进行张紧，使其处于最佳工作状态。刨头运行导轨和牵引链位置关系可参见图2-18，牵引链与刨头的连接关系可参见图2-19。

图2-18 刨头运行导轨和牵引链位置关系

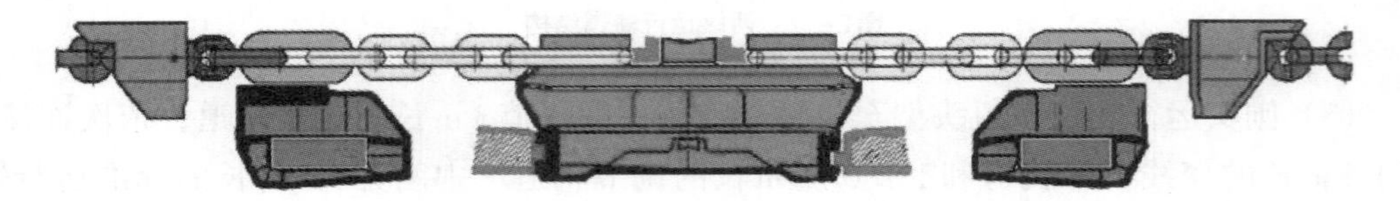

图2-19 牵引链与刨头连接关系

2.2.4 调斜装置

调斜装置是由调斜千斤顶、连接球头、球窝及液压控制阀组成。调斜千斤顶为倒立式安装方式，调斜缸安装在挡煤板上，调斜千斤顶活塞杆球头安装在液压支架的推移杆球窝中，调斜液压控制阀组控制调斜千斤顶活塞杆伸缩，使刨头运行轨道和刨头上仰或下切，适应煤层起伏不平的变化，便可少丢煤、不丢煤、不啃岩石，减少刨刀磨损。图2–20是刨头水平控制系统，图2–21是工作面调斜装置工作示意图。

图2–20 刨头水平控制系统

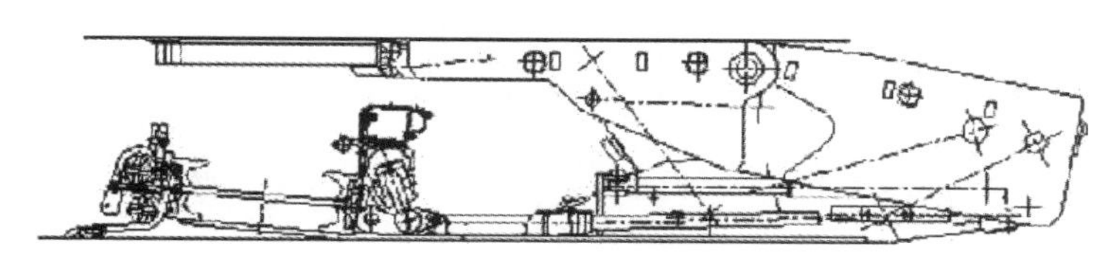

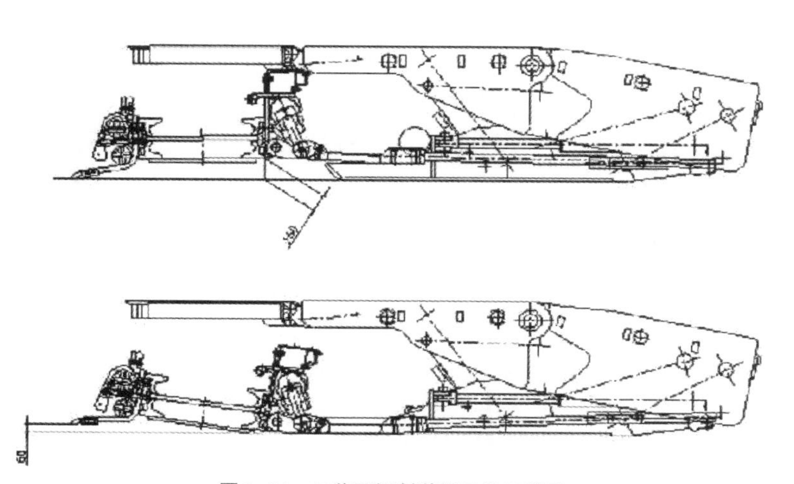

图2–21 工作面调斜装置工作示意图

2.2.5 紧链器

紧链装置主要作用是对刨链在工作之前，进行必要的预紧，从而使刨头能够安全、可靠地工作。刨煤机的紧链过程实际为：液压系统对刨煤机链轮的位置进行改变，刨煤机链轮结构可参见图2-22。液压紧链器的部分结构可参见图2-23。

图2-22 刨煤机链轮结构

图2-23 液压紧链器的部分结构

2.2.6 刨煤机机头机尾驱动装置

2.2.6.1 刨煤机机头驱动装置

驱动装置是刨头的力源，位于回采工作面两端，由功能、构成完全相同的两部驱动装置组成。按其所在位置，通常称为机头驱动装置和机尾驱动装置，该装置主要由刨煤机电动机、刨煤机链轮、刨煤机减速器组成（图2-24~图2-26）。

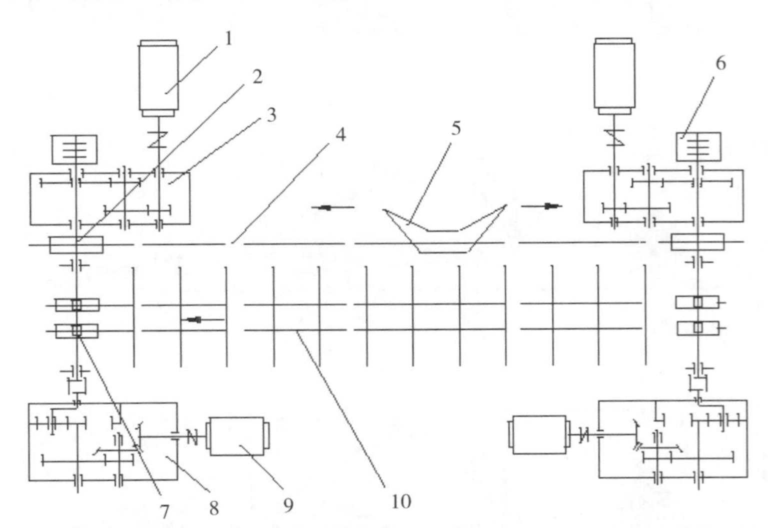

1. 刨煤机电动机 2. 刨煤机链轮 3. 刨煤机减速器 4. 刨链 5. 刨头 6. 刨煤机离合器 7. 刮板输送机链轮 8. 刮板输送机减速器 9. 刮板输送机电动机 10. 刮板输送机刮板链

图2-24 刨煤机机头驱动系统示意图

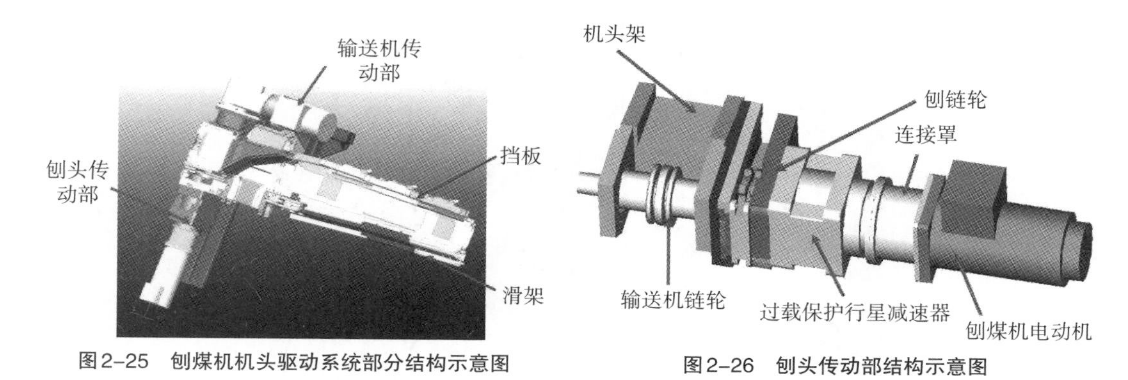

图2-25 刨煤机机头驱动系统部分结构示意图

图2-26 刨头传动部结构示意图

2.2.6.2 刨煤机机尾驱动装置

机尾驱动装置如图2-27所示，主要由电动机、减速器及其连接装置、紧链器等组成。

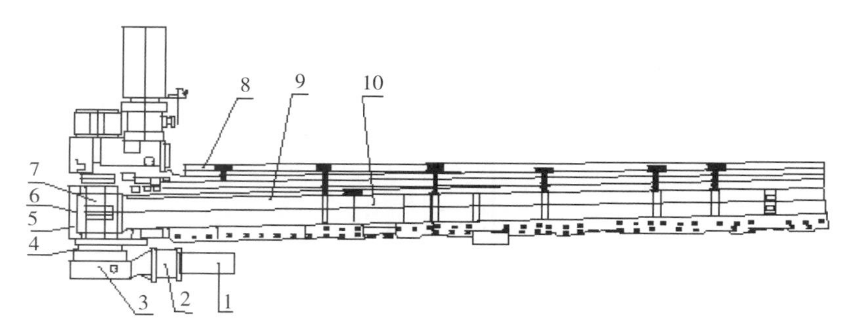

1. 电动机 2. 联轴器 3. 减速器 4. 连接装置 5. 逆止器托架 6. 紧链器 7. 链轮 8. 刨头终端导轨 9. 过渡槽 10. 中间槽

图2-27 刨煤机机尾传动装置示意图

电动机通过弹性对轮联轴节与减速箱连接，通过减速箱侧对轮连接轴上装有的紧链闸盘，使减速箱输出轴与链轮连接。头、尾驱动装置平行于刨头运行轨道布置，电动机通过减速箱驱动链轮旋转，链条牵引刮板运煤。闸盘紧链装置将链条张紧后，通过刨头运行轨道上的卡链装置使链条张紧力调整到规定值。

2.2.7 锚固装置

锚固装置如图2-28~图2-30所示，主要由锚固连接板、千斤顶及固定连接部件组成，其作用是防止刨头运行轨道下滑或弯曲，工作原理是：通过锚固连接板及液压千斤顶，将液压支架底座与刨头运行轨道通过挡煤板给予固定连接。设置锚固装置数量由工作面倾角大小确定。当工作面煤层底板倾角小于5～8°，在工作面两端各安设3套锚固装置即可有效防止刨头运行轨道下滑或弯曲。

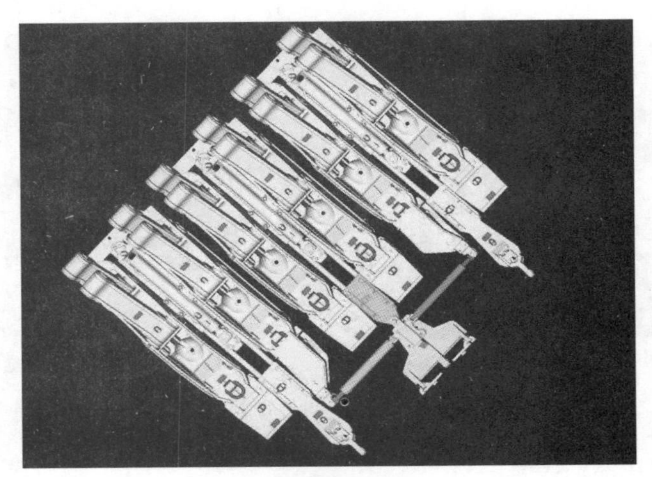

图2-28 锚固系统连接（1）

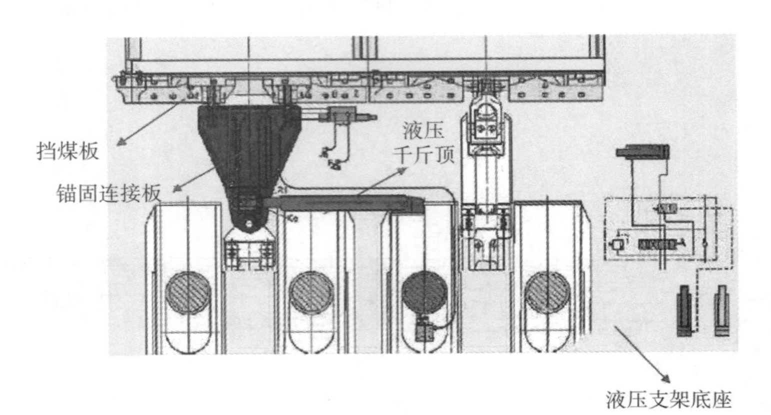

图2-29 锚固系统连接（2）

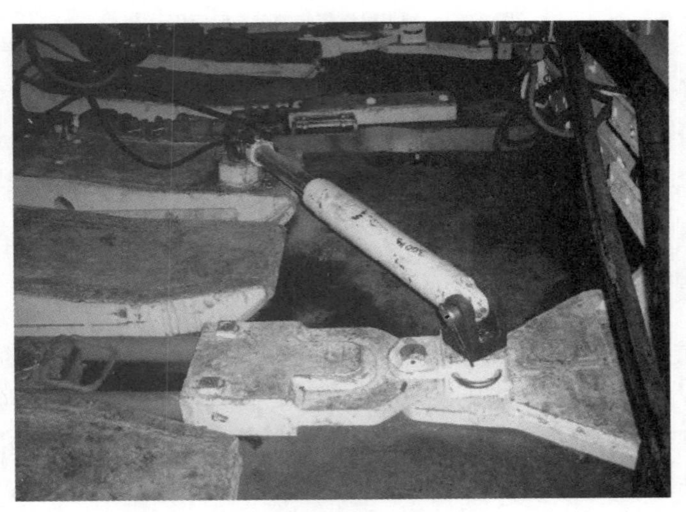

图2-30 锚固系统结构

2.3 刨煤机核心技术

全自动化刨煤机系统的核心技术设备是薄煤层回采工作面实现“采、运、移”自动化的技术关键，由刨煤机、刨头运行轨道、电液控制系统和电气自动化控制系统设备四大部分组成。刨煤机的工作是刨削煤壁、装煤；刨头运行轨道既是刨头的运行导轨，又是工作面煤块着落、连续运煤的装置，沿工作面铺设，与运输顺槽转载机首尾搭接；电液控制系统根据所确定的刨深，自动完成刨头运行轨道向工作面推进方向的定量推移，自动完成液压支架的降架、移架、拉架、升架及对工作面顶板进行支护；电气自动化控制设备根据工作面条件确定的回采参数，对刨煤机工作面全部电力设备实现自动化控制。这些具体的控制过程可在全自动化刨煤机的控制室集中实现数显，如图2-31~图2-34所示。

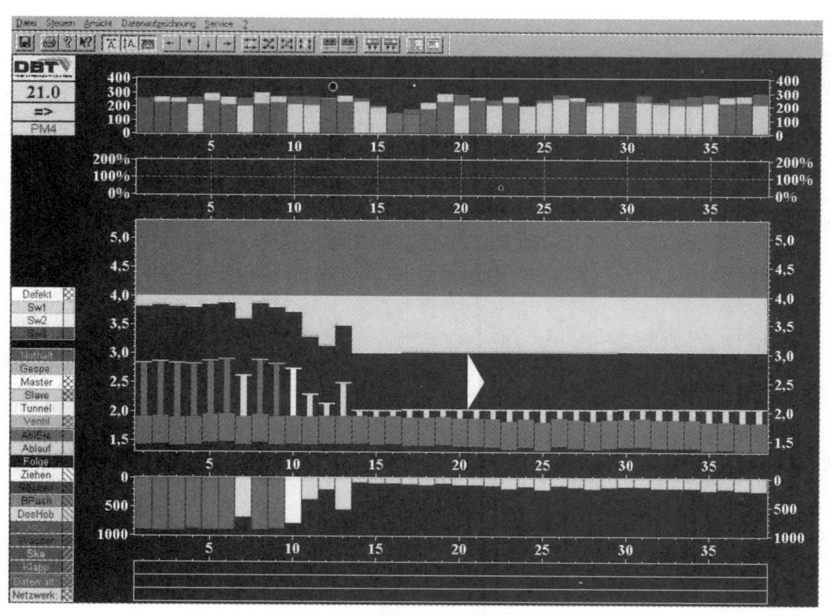

图2-31 刨煤机工作面图形显示系统

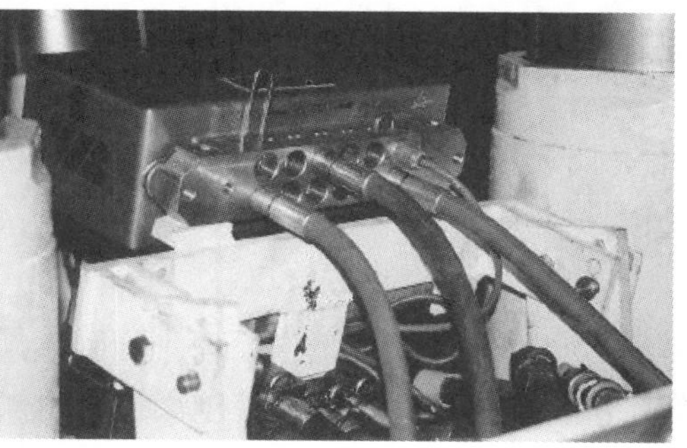

图2-32 PM4液压支架电液控制系统

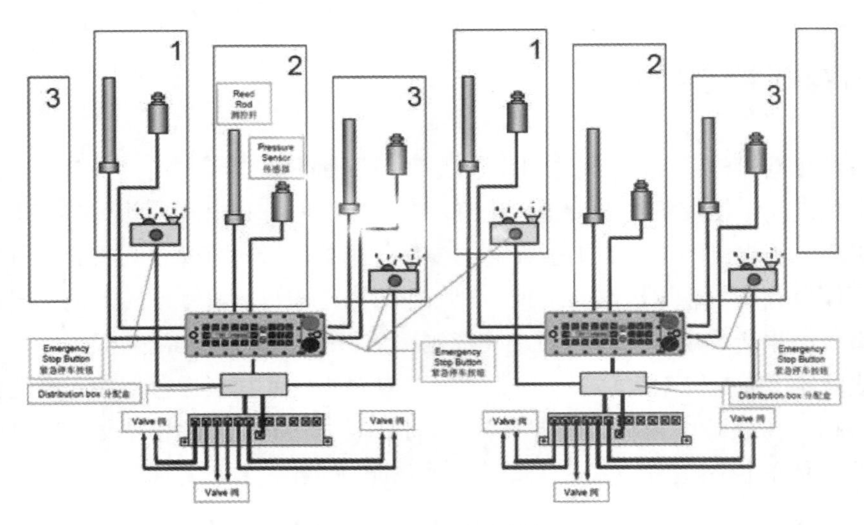

图2-33 PM4系统布置

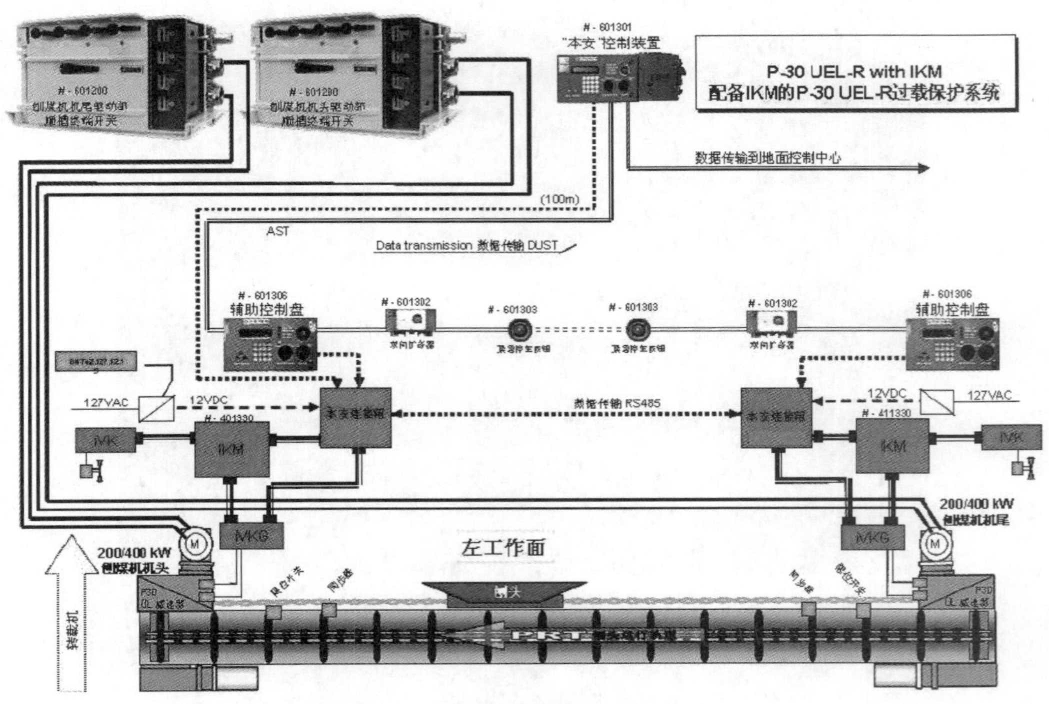

图2-34 刨煤机工作面电气设备布置图

2.4 小结

本章阐述了自动化刨煤机工作原理，分析了自动化刨煤机成套装备配套的主要技术数据。介绍了刨头、滑架、紧链器等刨煤机主要部件结构。总结了自动化刨煤机工作的核心技术。

3 刨煤机参数优化及刨头受力计算

3.1 煤层适刨性

3.1.1 概述

煤层适刨性是衡量刨煤机能否有效适应煤层的一个重要指标，是影响刨煤机能否高效开采的一个重要因素。能否正确采用刨煤机开采，一个重要因素是煤层抗刨削力的大小。目前我国是按煤层的抗压强度f值（即普氏系数）来衡量煤层硬度的。但实践证明，把f值作为刨煤机适刨性的指标并不可靠。实际上，f值只是用煤岩抗压强度的相对量来表示其在各种受力破坏时所具有的强度，并不真实地代表煤岩的坚固性程度。即使是同一种煤质，由于裂隙度、层节理、含水率等不同，同一种指标测定值的差别也会很大。由于f值是一个综合性指标，只是从总体上反映了煤岩的坚固程度，因而当涉及不同类别的煤岩破碎方法，用它作为一种统一的衡量尺度，就具有很大的局限性，也常常会导致不确切的结果。

刨煤机的破煤方式充分利用了地压和煤层的层节理，有它自己的特点。因此，笼统地采用f值，就缺乏科学性。目前我国的刨煤机工作面在正式选定机型之前，均缺乏必要的前期论证，而这种前期论证应该尽量减少人为因素，更多地运用实际测量值。在这方面曾有过教训，1984年底至1985年初，我国新研制的一套刨煤机在国内某矿进行工业性试验，由于不了解煤质条件，该刨煤机被迫中断试验，结果造成人力、物力和时间的大量浪费；而同样刨煤机在韩城矿务局象山矿使用，却获得了很大成功。近年来，国外的一些主要采煤国家经过多年实践和试验研究，为了比较准确、全面地衡量刨煤机工作机构工作时承受的载荷大小，已经不再用f值来衡量煤层的抗截割特性，而是代之以适刨性指标。这个指标来源于煤或岩石在标准工况下被标准刀具截割时的抗截割强度（称为截割阻抗）。由于标准刀具的工作过程与刨煤机工作机构的破煤过程十分相似，因此测试数据就比较准确、全面。适刨性指标反映了煤层被刀齿截割时的主要物理力学性能，符合刨煤机的实际工作状况，同时根据所测得的适刨性指标，可作为选择机型的重要依据。对这些普遍推广使用刨煤机的国家来说，其目标十分明确，即尽可能依据科学的手段，来帮助做出正确的判断和决策。因此，我国有必要迅速制订自己的煤层适刨性指标（可截割性指标，并在全国范围内开展煤层适刨性普查，以尽快掌握第一手资料）。

3.1.2 影响适刨性的主要因素

图 3-1 为煤层适刨性测试装置。

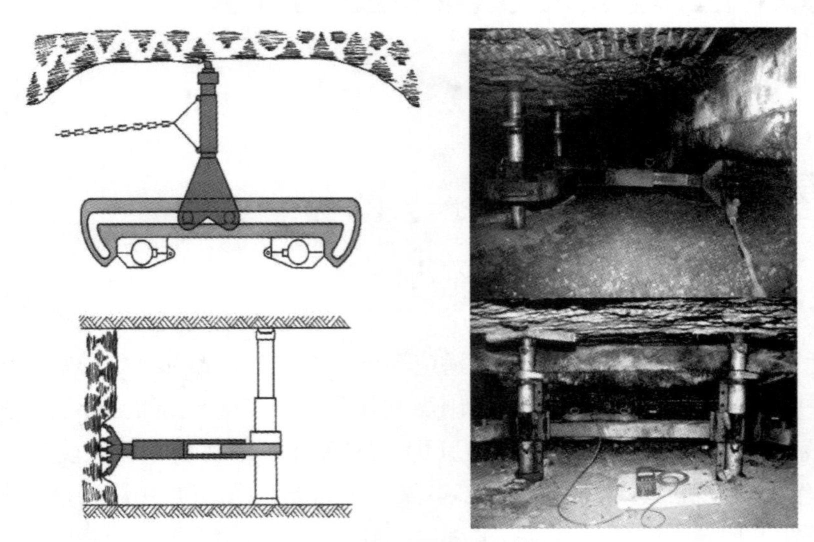

图3-1 煤层适刨性测试装置

单从煤层的自身条件出发，影响适刨性的主要因素如下：

（1）煤层硬度。煤层硬度是适刨性的决定因素。煤质越硬，刨煤机所受的刨削阻力和挤压力越大，刨头运行的稳定性变差、功率消耗大、刨刀磨损严重。

（2）煤层夹矸状况。煤层夹矸状况有层状的、间断层状的，也有结核状的，而对刨煤机使用影响较大的是结核状的夹矸。

（3）煤层节理。煤层节理对刨煤机使用有利，可提高煤层的适刨性。

（4）煤层倾角。煤层倾角不是影响适刨性的重要因素，它与煤岩性质无直接联系，但煤层倾角过大，一方面会使刨煤机上行阻力增大，机组容易下滑；另一方面使处理地质构造和控制顶板的难度增大。因此，倾角较大的煤层，其适刨性差。目前，世界各国的刨煤机多用在缓倾斜煤层就是这个道理。

（5）煤层地质构造。影响煤层适刨性的地质构造主要是断层。断层形状不同，对刨煤机的影响也不同。其中断层落差和断层分布对刨煤机的使用影响较大。

（6）煤岩成分和物理性质。对煤的适刨性有直接影响的是煤层的硬度和脆度。煤的硬度大，适刨性差；煤的脆度大，对刨煤有利，适刨性好。

（7）煤层厚度、煤层瓦斯含量和地下水。煤层厚度与适刨性无直接关系，但是决定刨煤机的高度，从而影响刨煤机的刨削性能。

随着中厚煤层的大量开采，薄煤层和极薄煤层的开采受到极大关注。目前我国开采薄煤层和极薄煤层的技术尚停留在非常落后的水平。因此必须投入大量的人力和物力研制刨煤机，以实现薄煤层开采的高产、高效。煤层适刨性是刨煤机设计的基础，决定着刨煤机设计的合理性。因此，研究煤层适刨性已迫在眉睫。

3.2　刨煤机工况参数优化

3.2.1　对刨头工作性能要求

刨头是刨煤机的工作机构，担负着落煤和装煤的任务。它工作状况的好坏对刨煤机运行具有决定性的影响。刨头的性能主要取决于它的结构是否合理，其次是使用时对其调节是否恰当。一个设计合理、高效、适应性强的刨头应具有以下特点：①能及时控制刨头的走向，有较强的刨削能力。②刨刀排列合理，更换刨刀方便。③刨头高度调整方便。④装煤阻力较小，能实现较低的比能耗。⑤工作平稳，负载均匀。⑥稳定性好。

3.2.2　刨煤机系统原始资料和工况参数确定

原始资料和工况参数是刨头设计必不可少的部分，是影响刨头设计的主要因素。刨头设计合理与否与原始资料和工况参数的确定有直接关系。

3.2.2.1　系统原始资料

刨煤机系统不论采取何种工作方式，都必须提前确定原始资料。刨煤机系统的原始资料主要有：刨煤机系统理论生产能力，刨煤机系统工作方式，煤层抗截强度，煤层崩落角，煤层高度变化范围，煤层脆塑性，煤层实体密度，煤层松散系数等，具体内容如表3–1所示。

表3–1　刨煤机系统原始资料

名称	符号	单位
用户要求的生产能力	Q	t/h
刨煤机理论生产能力	Q_y	t/h
运输机理论输送能力	Q_{kp}	t/h
煤层高度	最大高度H_{max}	m
	最小高度H_{min}	m
煤层抗截强度	A	N/cm
输送机允许货载断面积	A_0	m^2
煤层实体密度	γ	t/m^3
煤的松散系数	K_s	—

刨煤机的理论生产能力是根据用户的要求以及井下生产制度确定的。输送机的理论输送能力是参照刨煤机的理论生产能力，再结合输送机溜槽充满系数、实际生产经验以

及井下生产制度确定的。煤层物理性质、煤层可刨性、煤层夹石层的情况以及煤层的高度变化范围，都应到井下实地测定。国内外在井下运行的刨煤机，都出现过刨不下煤或驱动功率过大的问题，这些都是没有实地测定的结果。把一台井下某一工作面运行良好的刨煤机，安装在另一工作面，不一定能达到理想效果，这是因为煤层的各种性质都发生了变化。

需要指出的是，在井下工作面测定煤层的各种物理机械性能有一定的困难，可取煤岩试样在实验室测定。这种设计方法才是真正采用了“从刨刀到电动机”和“量体裁衣”的原则。

目前，我国对煤层的各种性质，还没有实现标准化管理，尤其对煤层的抗截强度A，仍错误地将其等同于坚固性系数f。实践证明，这是不可取的。因为抗截强度A值能以刨削阻力这种更直观更确切的概念表达煤层的抗截割性，而f值却不能。因此，笔者建议采用抗截强度A，A与f的关系。辽宁工程技术大学截割技术及理论研究实验室截割试验台可以进行煤岩抗截强度A的测定实验。建议对各主要矿区的煤岩进行一次普测，建立我国煤岩主要物理机械特性标准化体系。

3.2.2.2　刨煤机工况参数

刨煤机工况参数，即刨煤机工作参数，是根据原始资料并结合实际生产经验确定的。整个刨煤机系统的设计几乎都是根据这些参数进行的。因此，这些基本参数的确定对刨煤机设计有决定性影响。需确定的工作机构基本参数见表3-2。

表3-2　工作机构基本参数

名称	符号	单位
刨煤机速度	最大刨速V_{bmax}	m/s
	最小刨速V_{bmin}	m/s
输送机刮板链速度	最大链速V_{smax}	m/s
	最小链速V_{smin}	m/s
刨削深度	最大刨深h_{max}	m
	最小刨深h_{min}	m

（1）输送机速度V_s的确定。根据用户要求的生产能力Q以及井下工作面的布置情况，确定输送机速度V_s。输送机单位小时理论生产能力Q_{kp}按式（3-1）计算。

$$Q_{kp}=3600\cdot A_0\cdot \varphi\cdot V_s\cdot \gamma_H \tag{3-1}$$

式中，A_0为输送机允许装载断面积；φ为输送机溜槽充满系数；V_s为输送机速度；γ_H为煤层松散密度。

式（3-1）表明，输送机理论生产能力Q_{kp}主要受A_0和V_s的限制。根据实际工况和用户要求的生产能力Q，可以确定输送机速度V_s。

（2）刨速确定。刨速，即刨煤机系统的刨削速度，实际是刨头的速度，是一个特别重要的工作参数，它决定刨煤机的工作性能。刨煤机理论生产能力Q_y按式（3–2）计算。

$$Q_y=60 \cdot H \cdot h \cdot V_b \cdot \gamma \tag{3–2}$$

式中，H为煤层平均高度；h为刨削深度；V_b为刨速；γ为煤层实体密度。

由式（3–2）可知，在其他条件相同的情况下，刨速V_b越大，刨煤机理论生产能力Q_y越大，但刨煤机速度提高后，为保证刨头稳定运行，必须提高刨头、刨链、导护链装置、传动装置以及输送机中部槽等部件的强度，此外，还要求机组其他各种保护装置齐全可靠，特别是刨头运行的控制保护装置和刨链过载保护装置，而且提高刨速还会使刨煤机价格昂贵，后期维护费用增高，刨煤机配套的输送机结构和相关装置结构增大，成本增加，设备操作复杂，非常不利于井下生产。

因此，从经济和技术角度考虑，必须确定合理的刨深和刨速，才能既保证用户提出的生产要求，又能节省成本，提高经济效益。

对于刨速如何确定，国内外相关文献没有统一的理论推导，只有一些根据井下的实际应用情况和以前刨煤机使用的成功经验得出的图表，结合现有刨煤机的生产状况和煤层性质对新型刨煤机进行设计。目前，国外研究刨煤机非常深入的两个国家是德国和俄罗斯，我国应用较多的是德国刨煤机。

由于刨煤机对煤层的适应性较差，因此刨煤机设计需讲求“个性化”，针对不同的煤质条件，设计不同功率、不同结构形式的刨煤机，使刨煤机达到最佳的工作状态。关于刨速的具体确定过程，将在3.2.3.6节论述和计算。

（3）刨深h确定。根据原始资料、输送机速度、刨速以及输送机货载断面积均匀化程度来确定刨深h，此外刨深的确定还必须满足用户所要求的生产能力。关于刨深的具体确定过程，将在3.2.3.6节论述和计算。

3.2.3 刨煤机生产能力最大化及其提高措施

刨煤机系统运行中，刨煤机生产能力最大化是衡量整个刨煤机系统优良性的最重要指标。在刨煤机工作过程中，刨头刨落下来的煤直接被装入工作面刮板输送机中，而输送机溜槽宽度在一次刨削过程中是不变的，为保证刨煤机生产能力最大化，必须确定合理的刨速、刨深和输送机链速。因此，在刨煤机使用过程中，刨煤机生产能力最大化是刨速、刨深和输送机链速的函数，它与输送机货载断面积的均匀性也有密切的关系，而输送机货载断面积的均匀性不仅影响输送机断面积利用率，还直接影响输送机拖动功率的负荷波动，从而影响输送机的动态特性。此外，输送机动态特性又关系到输送机的可靠性。因此，研究刨煤机生产能力最大化与刨速、刨深和输送机链速的关系是十分重要的。在刨煤机系统工作中，为使刨煤机生产能力最大化，不能不考虑输送机的接收能力，而任意选定或改变刨头的移动速度和刨削深度，也就是说不能不考虑输送机的刮板链速度和输送机许用的输送量而随意选择或改变刨头的运行速度和刨削深度。因为刨头的运行速度和输送机刮板的运行速度大小彼此要协调，所以，其相对运行速度，尤其在刨头与输送机刮板同向运动且向输送机装煤时具有特别重要的意义。如果刨头与输送机刮板的运动速度在同向运动时彼此相等，那么就不可能装上煤，从而影响刨煤机的生产能力。当刨速与链速之差不太大，刨削深度又很大时，被刨头刨落的煤就不可能沿输送机运载表面均匀装载，这必将造成输送机迅速过载，迫使刨煤机停止。刨煤机的使用实践与研究分析表明，当刨头和输送机刮板之间的速度之比不同时，考虑到刨头与输送机刮板之间有时是同向运动有时是反向运动，则会在输送机上出现若干个单独运煤流段相叠加的情况，这些叠加的运煤流段会导致输送机的溜槽断面溢煤，驱动装置不均匀的过载，刨煤机的生产率降低。

3.2.3.1　刨煤机生产能力最大化的数学描述

（1）刨煤机生产能力最大化是指刨头上下行刨煤时，输送机溜槽装煤最多且装煤均匀，不出现上行刨煤时输送机沿工作面装煤较多、下行刨煤时输送机沿工作面装煤较少的情况。选择刨煤机工作方式为组合刨煤式，当刨煤机上下行刨煤时，可以认为刨头在1 h内刨煤量应大于或等于给定的生产能力，并按式（3–3）计算刨煤机的最大生产能力。

$$Q_{\max} = mHh_s L\gamma + nHh_x L\gamma - Q \rightarrow \max \tag{3–3}$$

式中，m，n分别为刨头在1 h内上下行次数；L为工作面长度；γ为煤层实体密度；h_s为上行刨深；h_x为下行刨深；Q为用户要求的生产能力。

在1 h内，假定刨头的停顿时间极短，可忽略不计，因此刨头在1 h内的上下行次数m，n可按式（3–4）计算。

$$k=3\,600/(t_1+t_2) \tag{3–4}$$

$$t_1=L/V_{bs}，\ t_2=L/V_{bx} \tag{3–5}$$

式中，k为刨头在1 h内的往复次数；t_1为刨头上行1次所需的时间；t_2为刨头下行1次所需的时间。当刨头在1 h内的往复次数k确定后，根据上下行刨速的关系，即可确定m，n。

由式（3–3）、式（3–4）、式（3–5）可知，刨头上下行刨煤时，要使刨煤机生产能力最大化，必须协调刨煤机速度、刨深和输送机速度之间的关系。

（2）刨煤机生产能力最大化，还应保证输送机上下行货载断面积装载均匀。

输送机上下行的货载断面积A_s和A_x分别表示为：

$$A_s=Hh_sV_{bs}K_s/(V_{bs}+V_{ss}) \tag{3–6}$$

$$A_x=Hh_xV_{bx}K_s/|V_{sx}+V_{bx}| \tag{3–7}$$

由式（3–6）、式（3–7）可知，通常情况下，输送机下行货载断面积A_x大于刨煤机上行刨煤时的货载断面积。为使输送机溜槽上货载断面积装载均匀，应使断面积之差A_x-A_s接近0或使A_s/A_x接近1，即有：

$$A_x - A_s = Hh_xV_{bx}K_s\big/|V_{sx}+V_{bx}| - Hh_sV_{bs}K_s\big/(V_{bs}+V_{ss}) \rightarrow 0 \tag{3–8}$$

或$$\frac{A_s}{A_x} = \frac{Hh_sV_{bs}K_s\big/(V_{bs}+V_{ss})}{Hh_xV_{bx}K_s\big/|V_{sx}+V_{bx}|} = \frac{h_sV_{bs}\big/(V_{bs}+V_{ss})}{h_xV_{bx}\big/|V_{sx}+V_{bx}|} = \frac{h_s}{h_x}\frac{V_{bs}}{V_{bx}}\frac{|V_{sx}+V_{bx}|}{(V_{bs}+V_{ss})} \rightarrow 1 \tag{3–9}$$

式中，H为刨煤机工作面煤层平均高度；V_{bs}为上行刨速；V_{bx}为下行刨速；V_{ss}为上行输送机链速；V_{sx}为下行输送机链速；h_s为上行刨深；h_x为下行刨深；K_s为煤的松散系数。

3.2.3.2　刨煤机生产能力最大化的影响因素

由式（3-3）可知：煤层厚度H和煤的松散系数K_s在某一开采工作面恒定，而刨头在上下行刨煤过程中，刨速、输送机速度、刨深可改变。因此，影响刨煤机生产能力最大化的因素主要有：刨削方式、工作制度、刨速、刨深、输送机速度。此外，刨头的装煤表面、刨头与输送机之间连接装置的结构也影响刨头的装煤效果，从而影响刨煤机的生产能力。

需要说明的是针对刨煤机不同的工作方式，各种影响因素也不同。由于井下煤矿特殊的开采条件，刨煤机系统设计完成后，输送机速度不宜经常变化。以下几章研究的内容都是输送机链速不变的情况，即$V_{ss}=V_{sx}$，这样刨速和刨深就对刨煤机生产能力最大化和输送机货载的均匀性起着决定性作用。

3.2.3.3　优化的理论依据

如前所述，在刨煤机工作面输送机运煤过程中，如果刨深、刨速和输送机速度之间不匹配，就容易造成输送机溜槽装载不均匀，导致实际输送能力下降，同时引起出口煤流时大时小，给顺槽等运输系统配套带来困难。为了提高刨煤机工作面设备的效率和生产能力，使顺槽等运输系统易于配套，就需要对刨煤机生产能力最大化和输送机货载均匀性进行研究。

3.2.3.4　刨深与单位能耗的关系

刨深影响刨头刨刀的刀间距。根据煤岩的破碎原理，即“密实核”学说中所得出的刨削深度与刀间距关系理论可知：如果刨削深度不变，刀间距增大，即刨削断面增大，煤的块度增大，可破落更多的煤，但当刀间距增大到一定程度时，刨槽间的相互影响消失，煤壁上出现许多棱条，此时刨槽之间的煤脊已不能被破碎，故超过最佳刀间距的大间距已无使用价值，煤不能自行剥落。如果刀间距太小，刨削断面小，频繁地重复刨削，将出现大量的粉尘，而且增加单位能耗。所以刨深不合适，对单位能耗影响很大。综上所述，刨深对刨煤机生产能力最大化以及单位能耗有很大的影响。刨深与单位能耗的关系见图3-2。

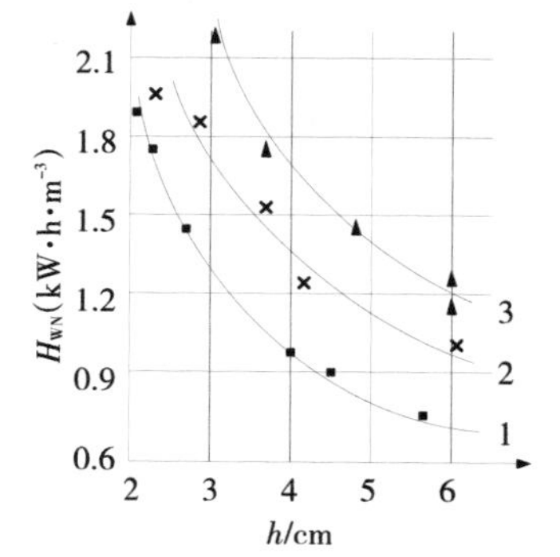

图3-2　刨深与单位能耗的关系

由图3-2以及相关文献的实验数据可知，刨深小于3 cm时，刨煤机的单位能耗会急剧增大，因此井下实际所采用的刨深都大于或等于3 cm。

3.2.3.5　提高刨煤机生产能力最大化的主要措施

（1）尽量提高刨煤机的上行刨削速度，适当降低刨煤机下行刨削速度，增大上行刨削深度h_s，减小下行刨深h_x，在一定范围内可提高刨煤机生产能力以及输送机货载断面积均匀性。

（2）改善输送机煤壁侧的装煤斜面，使刨落的煤容易被挤推到输送机中部槽中。

（3）改变刨头自身的一些参数，例如刨刀的排列形式、刨头装煤表面的角度等，使刨落的煤处在喇叭口式的断面内。

3.2.3.6 以刨煤机生产能力最大化为目标优化刨深和刨速

（1）优化的理论思想。优化设计是现代设计的核心内容，是工程设计中一种重要的科学设计方法，在理论和应用上正高速度向前方展。采用优化设计可以使众多参数符合各种要求，并得到最适宜的结果。其核心内容是在一定的物质和技术条件下，寻求一个技术和经济指标都最佳的设计方案，从而提高设计效率和设计质量。

应用计算机进行优化设计与传统的设计方法相比，具有以下4个特点：①设计思想是最优的，但需建立一个正确反映设计问题的数学模型。②设计方法是优化方法。③采用的工具是计算机。④可以实现参数的可视化。

本书以刨煤机生产能力最大化为目标，寻求最优刨深和刨速，并以刨深的优化结果来设计参数，确定刨头结构进而计算刨头所受的各种阻力，为刨煤机系统设计提供重要的理论依据。

（2）确定设计变量。前面已经提到，在刨煤机设计中，为使刨煤机生产能力最大化，应该合理调整刨速、刨深和输送机速度，即刨煤机生产能力最大化是刨速、刨深和输送机速度的函数。改变输送机速度，在井下会产生许多弊端，这是目前国内外刨煤机系统中，输送机速度采用常速的主要原因。设刨头上下行刨速分别为V_{bs}和V_{bx}，刨深分别为h_s和h_x，则设计变量为：

$$X=\left[h_s,\quad h_x,\quad V_{bs},\quad V_{bx}\right]^T=\left[x_1,\quad x_2,\quad x_3,\quad x_4\right]^T \tag{3-10}$$

（3）目标函数的建立。刨煤机生产能力最大化的函数形式按式（3-11）描述。

$$\max f(x)=HL\gamma\left[\frac{3\,600x_3x_4x_1}{L(x_3+x_4)}+\left(\frac{3\,600x_3x_4}{L\left(x_3+x_4\right)}-1\right)x_2\right]-Q \tag{3-11}$$

（4）给定约束条件。

①因为刨煤机生产能力最大化还应保证输送机上下行货载断面积装载均匀，由式（3-8）可知，则应有$A_x-A_s=0$，即有：

$$A_x-A_s=HK_s\left[\frac{x_2x_4}{\left|V_s-x_4\right|}-\frac{x_1x_3}{x_3+V_s}\right]=0 \tag{3-12}$$

②刨刀座不应插入煤壁，所以上下行刨深应小于刨刀的外露长度l_p，因此有：$h\leqslant l_p$；

③通常$A_x>A_s$，因此为满足刨煤机单位小时生产能力以及使输送机装载均匀，应使上行刨深大于下行刨深，即$h_z>h_x$。

④实际应用中，刨速很大会带来许多不利影响。目前由于各种条件的限制，通常刨速$V_b\leqslant 3$；

⑤设A_0为按输送机结构允许的最大货载断面积，则应有$A_0\geqslant A_x$。

$$\frac{HK_s x_4 x_2}{|V_s - x_4|} \leqslant A_0 \tag{3-13}$$

（5）优化问题数学模型的求解。输送机速度按照3.2.2.2节来确定，由于输送机速度上下行不变，因此只要合理匹配上下行刨速和刨深的之间的关系，就可使刨煤机生产能力最大，本优化问题可表示为：

$$X = [x_1,\ x_2,\ x_3,\ x_4]^{\mathrm{T}} = [h_s,\ h_x,\ V_{bs},\ V_{bx}]^{\mathrm{T}}$$

$$\min f(x) = Q - HL\gamma\left[\frac{3\,600 x_3 x_4 x_1}{L(x_3 + x_4)} + \left(\frac{3\,600 x_3 x_4}{L(x_3 + x_4)} - 1\right)x_2\right]$$

$$g_1(X) = -x_1 < 0$$

$$g_2(X) = -x_2 < 0$$

$$g_3(X) = -x_3 < 0$$

$$g_4(X) = -x_4 < 0$$

$$g_5(X) = x_1 - l_p \leqslant 0$$

$$g_6(X) = x_2 - l_p \leqslant 0$$

$$g_7(X) = x_3 - 3 < 0$$

$$g_8(X) = x_4 - 3 \leqslant 0$$

$$g_9(X) = x_2 - x_1 \leqslant 0$$

$$g_{10}(x) = HK_s\left[\frac{x_2 x_4}{|V_s - x_4|} - \frac{x_1 x_3}{(x_3 + V_s)}\right] = 0$$

$$g_{11}(x) = \frac{HK_s x_4 x_2}{|V_s - x_4|} - A_0 \leqslant 0$$

如果单从理论上讲，不应限制刨速的范围，刨速越大越好，约束条件中$g_5(x)$，$g_6(x)$可以省略，但在实际应用中，由于经济和技术水平的限制，通常把刨速限制在一定范围内。

（6）优化方法的选择。该数学模型是有约束的非线性规划问题，采用序列二次规划法（SQP）进行优化计算。

有约束最优化问题中，通常所采用的方法是将该问题转换为更简单的子问题，这些子问题可以求解并作为迭代过程的基础。早期的求解方法是通过构造惩罚函数等来将有约束的最优化问题转换为无约束最优化问题进行求解。现在，这些方法已经被更有效的基于K-T（Kuhn-Tucker）方程求解的方法所取代。

K-T方程的解形成了许多非线性规划算法的基础。这些算法直接计算拉格朗日乘子。用拟牛顿法（变尺度法）来更新过程，给K-T方程积累二阶信息，可以保证有约束拟牛顿法的超线性收敛。这些方法就是序列二次规划法（SQP），这种方法被认为是目前最先进的非线性规划计算方法。

MATLAB中SQP法的实现分3个步骤：①拉格朗日函数Hess矩阵的更新。②二次规划问题的求解。③一维搜索和目标函数的计算。

3.2.3.7 **合理刨深的确定**

根据上述 h_s，h_x的优化结果，确定最终选用的刨深。由于刨头刨削煤壁过程中，煤壁存在自行垮落的可能性。因此在满足生产能力最大化和输送机货载均匀化的前提下，可以适当减小 h_s，同时在比能耗尽量小的前提下，可适当增大 h_x。最后选取的刨深应该是对优化结果分析后的刨深 h_1，h_2。

3.3 刨煤机刨头力学参数计算

3.3.1 刨头结构力学分析

3.3.1.1 **刨头结构设计**

确定合理的刨深后，根据输送机工作侧的具体结构以及减少刨头所受扭矩和摩擦力的要求，应对刨头的相关结构进行合理设计。

（1）刨头与输送机间的连接装置。刨头沿输送机工作面一侧进行刨煤，刨头与输送机间的连接装置——滑架对刨头运行稳定性和磨损有很大影响。滑架设计应该考虑到容易更换，易于装煤，耐磨和对刨头良好的导向作用，以及与刨头接触面的间隙合理。此外，刨头与滑架间的接触面应该非常耐磨，刨头与下滑架的接触位置还应设计一个滑靴，如图3-3所示。滑靴较下滑架易磨损，当滑靴磨损程度到达极限时，要及时更换滑靴，以防止刨头与下滑架之间接触，产生摩擦。

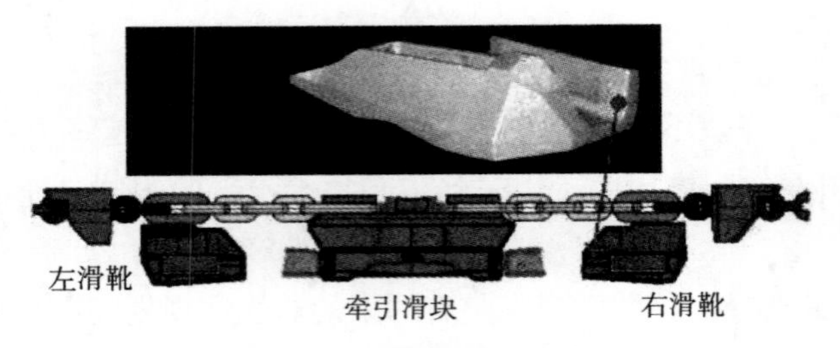

图3-3 DBT刨头所用滑靴

（2）刨链与刨头间的连接装置——牵引滑块。刨链在刨头上连接点的位置，对刨头所受扭矩影响很大。由于刨链一方面牵引刨头刨削煤壁，另一方面还对刨头产生扭矩。因此，刨链在牵引滑块上的两个作用点——拉力点应尽可能互相靠近，且二者也应靠近输送机，以减小刨链产生的扭矩。

（3）刨头装煤斜面和刨刀排列形状。装煤斜面和刨刀排列形状决定刨头的装煤效果，影响刨煤机的功率消耗。实践证明，装煤斜面的角度在60°左右比较合理，刨刀排列呈喇叭形易于装煤，并减少装煤阻力，DBT刨头装煤斜面和刨刀排列形状如图3-4所示。

图3-4 DBT刨头装煤斜面和刨刀排列形状

3.3.1.2 刨刀与刨头受力计算

1. 刨刀受力计算

由刀形刨刀破煤的几何模型及理论分析内容可知，刨刀在刨削煤壁过程中，主要承受的阻力有：刨削阻力 Z_{oi}、煤壁挤压力 Y_{oi}、煤壁侧向力 X_{oi}。

（1）刨头的最低高度。刨头是刨煤机的装煤机构，是刨煤机的一个重要组成部分。刨头的最低高度按式（3–14）进行计算：

$$H_{\mathrm{b\,min}}=H_Z+4.8H_{\min}\cdot h_{\max}+d \tag{3–14}$$

式中，$H_{\mathrm{b\,min}}$为刨头的最低高度；H_Z为刨头装载高度（从装煤表面上沿到煤层地板的最短距离）；$H_{\min}$为煤层最小高度；$h_{\max}$为最大刨深，根据3.2.3节优化结果来确定；d为刨头刨刀座顶部刨刀的超前量，取2~5 cm。

（2）刨头的最大高度。在开采顶煤自行垮落的煤层时，可按式（3–15）确定刨头的最大高度$H_{\mathrm{b\,max}}$。

$$H_{\mathrm{b\,max}}=(70\times80)\cdot H_{\max} \tag{3–15}$$

式中，$H_{\mathrm{b\,max}}$为刨头的最大高度；$H_{\max}$为煤层的最大高度。

（3）刨刀间距t的确定。两刨刀间的距离（即截距也叫刨刀排距），应保证两刨刀间不留下煤脊（煤槽），即必须把煤刨落下来。对于各种不同的刨深 h_i，刨刀间距取各种刨深下间距 t_i 的平均值。刨刀的排列方式不同，其间距也不同。下面分别介绍两种不同排列方式和其所对应的刨刀间距。

①刨刀的排列方式。刨刀的排列方式见图3–5。

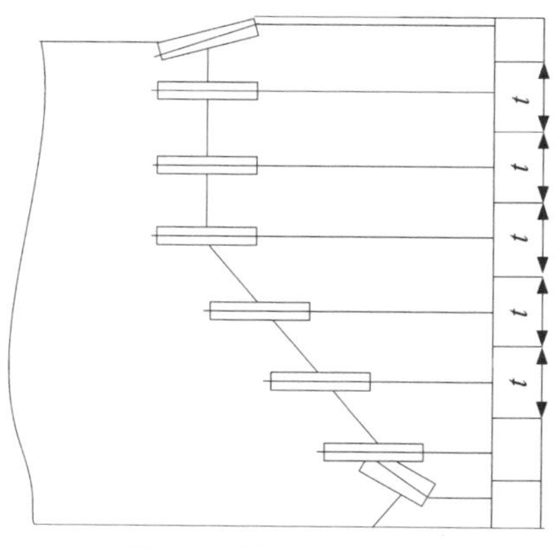

图3–5 刨刀的排列方式

②刨刀的排列方式对刨刀、刨头受力有很大影响。此外，刨刀的排列方式决定着刨头的装煤效果。

a. 直线式。直线式排列是指所有刨刀的轴线相互平行，都平行于底板。刨刀之间距离相等，相邻刨刀都在同一直线上。这种布置方式刨刀受力均匀，能耗比较低。

b. 阶梯式。阶梯式排列是指相邻刨刀轴线相互平行，在同一斜面上呈阶梯状，下排刨刀比上排刨刀超前，每把刨刀都受煤壁向下的侧向力。这种排列方式使刨头不易飘刀，刨头的重心较低，稳定性较好。比直线式排列的能耗高约17%。

c. 混合式。混合式排列是指刨头上的刨刀一部分按直线排列，一部分按阶梯式排列。刨刀阶梯排列的角度建议取55 ~ 65°。

③线性排列刨刀的间距t_{zi}。t_{zi}按式（3–16）计算。

$$t_{zi}=\left[\frac{7.5h_i}{h_i+0.65}+0.3h_i+b_p-2\right]\cdot K_x \tag{3-16}$$

$$t_i \leqslant b+2h_i\tan（\varphi）$$

式中，h_i为刨深；b_p为刨刀刨削部分的计算宽度；K_x为刨槽的宽度系数，K_x对于韧性煤取0.85，脆性煤取1.0，特别脆的煤取1.15。

④线性和阶梯式刨刀排列的平均间距t_{zp}。t_{zp}按式（3–17）计算。

$$t_{zp}=\frac{\sum_{i=1}^{m}t_{zi}}{m} \tag{3-17}$$

式中，t_{zp}为平均截距；m为平均间距t_{zp}的数量。

直线排列刨刀的刀间距一般不该超过11 cm，而顶部和底部刨刀刀间距应取最小值，但不应小于5 cm。

⑤刨头最小（最大）高度的截线数$n_{\min}$。$n_{\min}$按式（3–18）计算。

$$n_{\min}=\frac{H_{b\min}}{t_{zp}}+1 \tag{3-18}$$

式中，$n_{\min}$为刨头的最小截线数。

$$n_{\max}=\frac{H_{b\max}}{t_{zp}}+1 \tag{3-19}$$

式中，$n_{\max}$为刨头的最大截线数。

由于刨刀的个数与刨刀的截线数相等，因此计算得到最小截线数、最大截线数后，就可以确定刨头在最小和最大高度时所对应的某一侧的刨刀数量。把计算得到的最小（大）截线数向最近似的较大数值圆整，用圆整的截线数，按式（3–20）计算中部刨刀的间距t_{wy}。

$$t_{wy}=\frac{H_{b\min}}{n_{\min}-1}\text{或}\ t_{wy}=\frac{H_{b\max}}{n_{\max}-1} \tag{3-20}$$

在设计刨刀间距的时候，考虑到煤层性质有所变化，应该取稍微较小一点的刀间距。另外，刀间距对刨头的稳定性有影响，因此，刀间距的取值要考虑如何使刨头的高度较合理。

⑥刨槽宽度。刨槽宽度是指刨刀刨削煤壁以后，在煤壁表面留下刨削痕迹的宽度，

而刨刀间距是指相邻两刨刀中心线之间的距离。刨槽宽度根据刨刀排列方式不同而做相应变化。

a. 顶部、底部刨刀的刨槽宽度 t_h（t_1）。顶部刨刀和底部刨刀承担特殊的任务，顶部刨刀主要用来刨削接近顶板的煤壁；底部刨刀一方面控制刨头的刨深，另一方面用来装煤。

顶部、底部刨刀的刨槽宽度是指相邻两刨刀轴线之间的距离与刨刀宽度一半之和，分别表示为 t_{ph}，t_{pl}。

b. 线性排列刨刀的刨槽宽度 t_p。线性排列刨刀的刨槽宽度是指相邻刨刀之间的轴线距离，即式（3–21）。

$$t_p = \frac{\sum_{i=1}^{m} t_{bpi}}{m} \tag{3–21}$$

式中，t_{bpi} 为线性排列刨刀刨槽宽度；m 为线性排列的刨刀把数，是指刨头中心线某一侧的刨刀数量。

⑦刨刀平均刨削阻力Z_{3i}。刨削阻力是刨刀在刨削煤壁过程中所受的主要阻力，它对刨刀和刨头受力影响很大，是刨煤机设计过程中必须考虑的一个非常重要的因素。平均刨削阻力Z_{3i}按式（3–22）计算。

$$Z_{3i} = Z_0 + f'Y_{3i} \tag{3–22}$$

式中，Z_0为单个锐利刨刀所受的刨削阻力；f' 为刨削阻抗系数，通常情况下，$f' = 0.38 \sim 0.44$。抗截强度较大时取较小值；Y_{3i}为单个锐利刨刀所受的煤壁挤压力，按式（3–29）计算。

线形和阶梯形排列的刨刀和顶部、底部刨刀所受的刨削阻力Z_{oi}按式（3–23）计算。

$$Z_{oi} = 1.1A\frac{0.35b_p + 0.3}{\left(b_p + h_i \tan\varphi_i\right)k_6} h_i k_1 k_2 k_3 k_4 k_5 \frac{1}{\cos\beta} \tag{3–23}$$

超前和预掏槽刨刀受的刨削阻力的Z_{oi}按式（3–24）计算。

$$Z_{oi} = 1.1A\left(0.35b_p + 0.3\right)h_i k_2 k_3 k_5 \frac{1}{\cos\beta} \tag{3–24}$$

式中，A为煤层非地压影响区的截割阻抗（即煤层抗截强度），其具体取值见表3–3；b_p为刨刀刨削部分的计算宽度，其具体取值见表3–4；k_1为外露自由表面系数，其具体取值见表3–5；k_2为截角δ的影响系数，其具体取值见表3–6；k_3为刨刀前刃面形状系数；k_4为刨刀排列方式系数，其具体取值见表3–7；k_5为地压系数；k_6为考虑煤的脆塑性的系数；φ_i为截槽侧面崩落角；β为刨刀相对刨头牵引方向的安装角度。

对于直线排列刨刀，外露自由表面系数k_1按式（3–25）计算。

$$k_1 = 0.38 \cdot \left[1 + 2\left(\frac{t_{wy}}{t_{zi}} - 1\right)\right] \tag{3–25}$$

a. 刨刀前刃面形状系数k_4。对于线性排列，$k_4 = 1$；对于阶梯排列，$k_4 = 1.17$。

表3-3 煤层抗截强度 A

煤层硬度分类	软煤	中硬煤		坚硬煤
坚固性系数f	<1.5	1.5~3		>3
（德国）可刨性等级	Ⅰ	Ⅱ	Ⅲ	Ⅳ
抗截强度/（N·cm^{-1}）	<150	150~300		>300
可刨性/kN	<1.5	1.5~2.0	2.0~2.5	>2.5
抗截强度/（N·cm^{-1}）	<75	75~100	100~125	>125

表3-4 刨刀刨削部分的计算宽度 b_p

主刃为多角形 侧刃为直线状	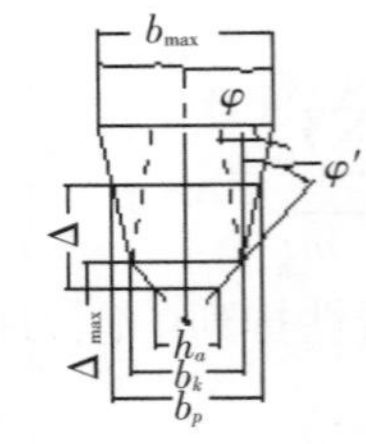	在$\Delta<\Delta_{max}$时， $b_p=b_n+2\tan\varphi\Delta_{max}$； 在$\Delta>\Delta_{max}$时， $b_p=b_n+2\tan\varphi(\Delta-\Delta_{max})$； 在$\varphi<0$和$\Delta<\Delta_{max}$时， $b_p=b_n$；$b_n=b_p+2\tan\varphi\Delta_{max}$
切削部分为锥形	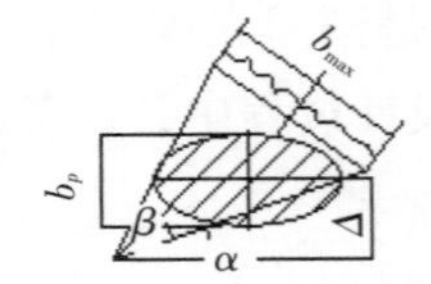	$b_p=\left(\frac{2\sin\frac{\beta}{2}}{\sin\delta}\right)\times\sqrt{\cos\beta+\sin\beta\cot\alpha}$
主刨削刃为椭圆形 侧刃为直线倾斜状	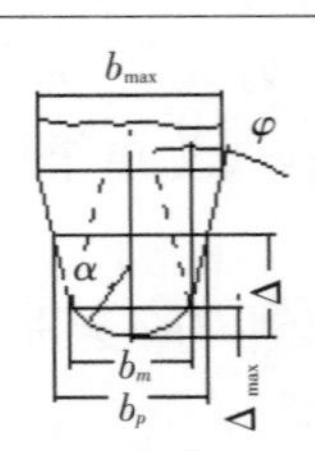	在$\Delta<\Delta_{max}$时，$b_p=2\sqrt{\Delta_{max}(2\tau-\Delta_{max})}$； 在$\Delta>\Delta_{max}$时，$b_p=b_n+2\tan\varphi(\Delta-\Delta_{max})$； 在$\varphi<0$和$\Delta>\Delta_{max}$时， $b_p=b_n$；$b_p=2\sqrt{\Delta_{max}(2\tau-\Delta_{max})}$

表3-5 外露自由表面系数 k_1

掏槽刀	上端刨刀	下端刨刀	韧性煤取较大的数值
1.00	1.10 ~ 1.15	1.20 ~ 1.25	

表3-6 截角影响系数 k_2

δ /（°）	40	50	60	70	80	90
黏性煤	0.98	1.00	0.90	0.98	1.08	1.24
脆性煤	0.97	—	0.91	1.00	1.17	1.29
极脆性煤	0.96	—	0.92	1.06	1.26	1.34

表3-7 刨刀排列方式系数 k_3

前刃面为平面的刨刀	前刃面为椭圆形的刨刀	前刃面为屋脊形的刨刀
1.00	0.90 ~ 0.95	0.85 ~ 0.90

b. 地压系数k_5。韧性煤的$k_5=0.67$，脆性煤为0.5，特别脆的煤为0.38。

c. 系数k_6。对于韧性煤为0.85，对于脆性煤1.00，而对于特别脆的煤为1.15。

d. 崩落角与刨深的关系。可根据苏联学者的研究成果，如表3–8。

表3–8 刨深与崩落角

刨深/cm			0.5	1.0	1.5	2.0	2.5	3.0	4.0
崩落角/（° ）	脆性煤	范围	80 ~ 74	82 ~ 67	80 ~ 61	79 ~ 58	77 ~ 55	78 ~ 52	72 ~ 49
		平均	82	77	73	71	68	65	61
	韧性煤	范围	76 ~ 57	71 ~ 55	65 ~ 45	62 ~ 40	59 ~ 37	55 ~ 34	52 ~ 32
		平均	69	69	58	55	52	49	45
刨深/cm			5.0	6.0	8.0	10.0	15.0	20.0	25.0
崩落角/（° ）	脆性煤	范围	70~46	68~44	64~42	61~40	53~35	46~31	42~27
		平均	53	55	52	49	43	38	34
	韧性煤	范围	76~57	71~55	65~45	62~40	59~37	55~34	52~32
		平均	69	69	58	55	52	49	45

根据表3–8，可以得到刨深和煤层崩落角正切值的函数关系式：

脆性煤：$\tan\varphi=0.002\,5h^4-0.063h^3+0.709\,4h^2-3.580\,8h+7.872\,9$ （3–26）

韧性煤：$\tan\varphi=0.000\,8h^4-0.019\,7h^3+0.229\,7h^2-1.229\,5h+3.243\,5$ （3–27）

有关文献指出，煤层崩落角φ与刨深h有如式（3–28）的关系：

$$\tan\varphi_i=\frac{0.45h_i+2.3}{h_i} \tag{3–28}$$

式（3–26）、式（3–27）是在实验基础上得出来的，并且根据现有刨煤机的刨刀受力状况，证明这两个式子所阐述φ与h的关系能满足设计要求，因此本书采用式（3–27）。图3–6为脆性煤刨深和崩落角正切值曲线。

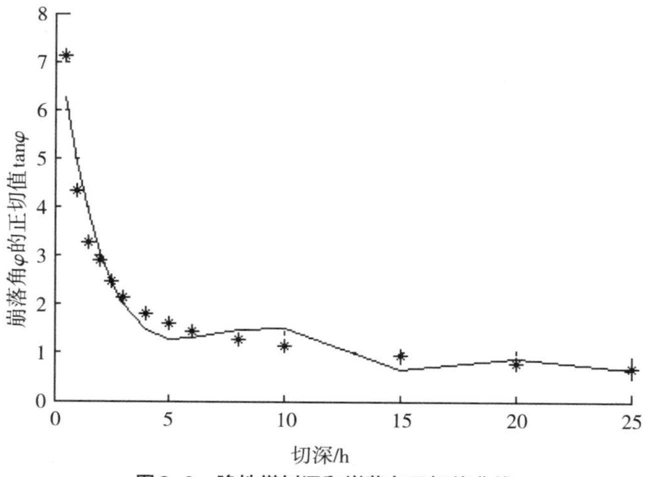

图3–6 脆性煤刨深和崩落角正切值曲线

⑧单个锐利刨刀所受的煤壁平均挤压力Y_{3i}。

$$Y_{3i} = Y_{0i}\left(1 + 1.8S_z\right) \tag{3-29}$$

$$Y_{0i} = k_n Z_{0i} \tag{3-30}$$

式中，Y_{0i}为单个锐利刨刀所受的挤压力；k_n为锐利刨刀上挤压力Y_{0i}与刨削力Z_{0i}的比值，对于韧性煤取0.45，脆性煤取为0.40，特别脆的煤取0.35；S_z为刨刀磨损面在截割平面上的平均投影面积；当$A < 200$ kN/m时为1.20 m^2，当$A = 200\sim250$ kN/m时为1.00 m^2，当$A > 250$kN/m时为0.75 m^2。

最大挤压力$Y_{3\max}$按式（3–31）计算。

$$Y_{3\max} = \left(0.95 + 0.5h_i + 3.1S_3\right) \cdot A \cdot k_5 k_{m0} \tag{3-31}$$

式中，k_{m0}为刨刀位置对最大挤压力的影响系数，直线排列的刨刀取1.0，刨头上部刨刀在安装角$\beta = 25\sim40°$时取1.5，刨头下部刨刀在安装角$\beta = 20\sim30°$时取1.7。

⑨单个刨刀所受煤壁的平均侧向力X_{3i}。

$$X_{3i} = K_\delta\left(2.2AK_{OT} + 75hK_h - 40t_{wy} - 100\right) \tag{3-32}$$

式中，K_δ为考虑刨刀在刨削图中位置对X_{cp}力影响的系数，在线排列刨削图中的线排列刨刀，$K_\delta = 0$，在阶梯排列刨削图中的下排列刨刀，$K_\delta = 1$，上端刨刀($\beta = 25\sim40°$)，$K_\delta = 1.3$，下端刨刀$\beta = 20\sim30°$，$K_\delta = 1.5$；K_h为刨削深度（刨削厚度）对侧向力的影响系数，当$h = 0.03$ m时，取$K_h = 1.5$，$h = 0.04$ m时取1.2，$h = 0.05$ m时取1.0。利用较大深度计算X_{3i}时，K_h应取1.0。

2. 刨头受力计算

刨头是刨煤机的关键部件，主要承担刨煤和装煤任务。刨煤机工作过程中，刨头在无级圆环链牵引下，沿刮板输送机溜槽煤壁侧的滑架往复运动，安装在刨头上的刨刀利用静压力将煤刨落，刨落的煤被刨头与滑架组成的犁形斜面挤推到输送机中部槽内。

由于刨头是刨煤机的主要运动和截割部件，因此刨头的受力状况和结构形式对刨煤机的工作性能有很大影响。在刨煤过程中，刨头需要克服刨削阻力、煤壁挤压力、装煤阻力、拖钩效应产生的阻力和各种摩擦阻力。刨头落煤和装煤的好坏直接影响刨煤机的生产能力。因此，有必要对各种阻力进行深入研究，为设计合理的刨头结构，匹配正确的电机功率提供理论依据。

刨头所受的各种阻力，应该是刨刀所受各种阻力的合力。

（1）刨头所受煤壁刨削阻力P_z。刨头的刨削阻力应是刨头中心线一侧所有刨刀刨削阻力的合力。刨头刨削阻力P_z按式（3–33）计算。

$$P_z = \sum_{i=1}^{m} Z_{3Hi} + \sum_{i=1}^{m} Z_{3oi} + \sum_{i=1}^{m} Z_{3ni} + \sum_{i=1}^{m} Z_{3\beta i} + K_i \cdot \sum_{i=1}^{m} Z_{3\Lambda i} \tag{3-33}$$

式中，Z_{3Hi}为刨头底部刨刀所受的平均刨削阻力；Z_{3oi}为超前刨刀所受的平均刨削阻力；Z_{3ni}为掏槽刨刀所受的平均刨削阻力；$Z_{3\beta i}$为刨头顶部刨刀所受的平均刨削阻力；$Z_{3\Lambda i}$为工作在直线式和阶梯式刨刀所受的平均刨削阻力；m为各种刨刀所对应的数量；K_i为刨刀同时工作系数，取值见表3–9。

（2）刨头所受煤壁挤压力P_y。刨头所受煤壁挤压力P_y，实质是煤壁对刨头的反推力，也就是煤壁的横向反力，应该是刨头中心线一侧所有刨刀挤压力的合力。刨头刨削阻力P_y按式（3–34）计算。

$$P_y=\sum_{i=1}^{m}Y_{3Hi}+\sum_{i=1}^{m}Y_{3oi}+\sum_{i=1}^{m}Y_{3ni}+\sum_{i=1}^{m}Y_{3\beta i}+K_i\cdot\sum_{i=1}^{m}Y_{3\Lambda i} \tag{3-34}$$

式中，Y_{3Hi}为刨头底部刨刀所受的平均挤压力；Y_{3oi}为超前刨刀所受的平均挤压力；Y_{3ni}为掏槽刨刀所受的平均挤压力；$Y_{3\beta i}$为刨头顶部刨刀所受的平均挤压力；$Y_{3\Lambda i}$为工作在直线式和阶梯式刨刀所受平均挤压力；m为各种刨刀所对应的数量；K_i为刨刀同时工作系数，取值见表3–9。

（3）刨头所受煤壁侧向力P_x。

刨头所受煤壁侧向力P_x，实际是煤壁沿顶底板对刨头的作用力。P_x按式（3–35）计算。

$$P_x=\sum_{i=1}^{m}X_{3Hi}+\sum_{i=1}^{m}X_{3oi}+\sum_{i=1}^{m}X_{3ni}+\sum_{i=1}^{m}X_{3\beta i}+K_i\cdot\sum_{i=1}^{m}X_{3\Lambda i} \tag{3-35}$$

式中，X_{3Hi}为刨头底部刨刀所受的侧向力；$X_{3\beta i}$为刨头顶部刨刀所受的平均侧向力；$X_{3\Lambda i}$为工作在阶梯式刨刀所受的平均侧向力；X_{3oi}为超前刨刀所受的平均刨削阻力；X_{3ni}为掏槽刨刀所受的平均刨削阻力；m为各种刨刀所对应的数量；K_i为刨刀同时工作系数，取值见表3–9。

表3–9　刨刀同时工作系数K_i

极脆性煤	脆性煤	黏性煤
0.85	0.90	0.95

3. 刨头所受平均合力及其作用点坐标计算

刨头所受的平均合力坐标，是指刨头所受3个方向的合力P_x，P_y，P_z在三维坐标中到不平行于自身坐标轴的距离，如图3–7所示。

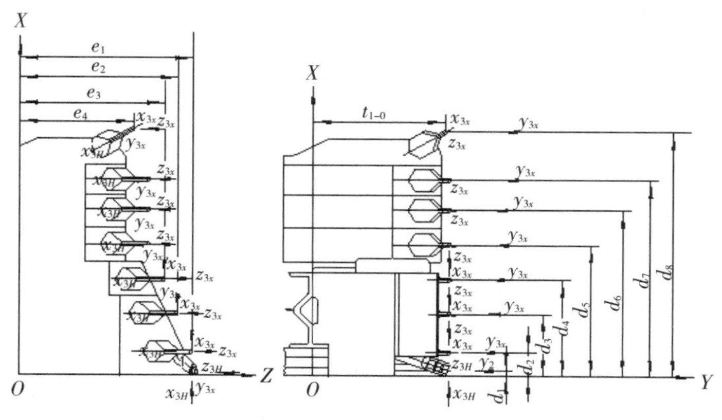

图3–7　刨头所受各种力和力矩的计算图

计算合力坐标，首先建立三维坐标系，具体步骤如下：

（1）确定坐标轴所在的平面。这3个平面分别是：底板所在的平面；刨头中心对称面所在的且垂直于底板所在平面的平面；输送机煤壁侧面所在的且垂直于底板所在平面的平面。

（2）确定3个坐标轴。原点O是上述3个坐标平面的交点。这3个坐标轴分别是：Z轴为刨头的运动方向；Y轴为工作面前进方向；X轴为指向顶板方向。

（3）确定3个力的正方向。3个作用力的正方向分别是：刨削力P_z为与刨头运动方向相反；挤压力P_y为与工作面前进方向相反；侧向力P_x为指向底板。

①刨削合力P_z坐标。

a. 沿X轴坐标d_z。

$$d_z = \frac{\sum_{i=1}^{m} Z_{3Hi} d_{Hi} + \sum_{i=1}^{m} Z_{3oi} d_{oi} + \sum_{i=1}^{m} Z_{3ni} d_{ni} + \sum_{i=1}^{m} Z_{3\beta i} d_{\beta i} + K_i \cdot \sum_{i=1}^{m} Z_{3\Lambda i} d_{\Lambda i}}{P_z} \tag{3-36}$$

式中，d_i为各种刨刀所受平均刨削力沿X轴到Y轴的距离。

b. 沿Y轴坐标τ_z。

$$\tau_z = \frac{\sum_{i=1}^{m} Z_{3Hi} \tau_{Hi} + \sum_{i=1}^{m} Z_{3oi} \tau_{oi} + \sum_{i=1}^{m} Z_{3ni} \tau_{ni} + \sum_{i=1}^{m} Z_{3\beta i} \tau_{\beta i} + K_i \cdot \sum_{i=1}^{m} Z_{3\Lambda i} \tau_{\Lambda i}}{P_z} \tag{3-37}$$

式中，τ_i为各种刨刀所受平均刨削力沿Y轴到X轴的距离。

②挤压力合力P_y。

a. 沿X轴坐标d_y。

$$d_y = \frac{\sum_{i=1}^{m} y_{3Hi} d_{Hi} + \sum_{i=1}^{m} y_{3oi} d_{oi} + \sum_{i=1}^{m} y_{3ni} d_{ni} + \sum_{i=1}^{m} y_{3\beta i} d_{\beta i} + K_i \cdot \sum_{i=1}^{m} y_{3\Lambda i} d_{\Lambda i}}{P_y} \tag{3-38}$$

式中，d_i为各种刨刀所受平均挤压力沿X轴到Z轴的距离。

b. 沿Z轴坐标e_y。

$$e_y = \frac{\sum_{i=1}^{m} y_{3Hi} e_{Hi} + \sum_{i=1}^{m} y_{3oi} e_{oi} + \sum_{i=1}^{m} y_{3ni} e_{ni} + \sum_{i=1}^{m} y_{3\beta i} e_{\beta i} + K_i \cdot \sum_{i=1}^{m} y_{3\Lambda i} e_{\Lambda i}}{P_y} \tag{3-39}$$

式中，e_i为各种刨刀所受平均挤压力沿Z轴到X轴的距离。

③侧向力合力P_x坐标。

a. 沿Y轴坐标τ_x。

$$\tau_x = \frac{-\sum_{i=1}^{m} X_{3Hi} \tau_{Hi} + \sum_{i=1}^{m} X_{3\beta i} \tau_{\beta i} + K_i \cdot \sum_{i=1}^{m} X_{3\Lambda i} \tau_{\Lambda i}}{P_x} \tag{3-40}$$

式中，τ_i为各种刨刀所受平均侧向力沿Y轴到Z轴的距离。

b. 沿Z轴坐标e_x。

$$e_x = \frac{-\sum_{i=1}^{m} X_{3Hi} e_{Hi} + \sum_{i=1}^{m} X_{3\beta i} e_{\beta i} + K_i \cdot \sum_{i=1}^{m} X_{3\Lambda i} e_{\Lambda i}}{P_x} \tag{3-41}$$

式中，e_i为各种刨刀所受平均侧向力沿Z轴到Y轴的距离。

不同结构形式的刨头所具有的刨刀种类不同。因此，所受各种阻力的计算公式也不同。目前，井下应用广泛的刨煤机，其刨头已不用掏槽刨刀和超前刨刀，所以这类刨头所受平均合力的作用点坐标按以下几个公式计算。

$$d_z = \frac{\sum_{i=1}^{m} Z_{3Hi} d_{Hi} + \sum_{i=1}^{m} Z_{3\beta i} d_{\beta i} + K_i \cdot \sum_{i=1}^{m} Z_{3\Lambda i} d_{\Lambda i}}{P_z} \tag{3-42}$$

$$\tau_z = \frac{\sum_{i=1}^{m} Z_{3Hi} \tau_{Hi} + \sum_{i=1}^{m} Z_{3\beta i} \tau_{\beta i} + K_i \cdot \sum_{i=1}^{m} Z_{3\Lambda i} \tau_{\Lambda i}}{P_z} \tag{3-43}$$

$$d_y = \frac{\sum_{i=1}^{m} y_{3Hi} d_{Hi} + \sum_{i=1}^{m} y_{3\beta i} d_{\beta i} + K_i \cdot \sum_{i=1}^{m} y_{3\Lambda i} d_{\Lambda i}}{P_y} \tag{3-44}$$

$$e_y = \frac{\sum_{i=1}^{m} y_{3Hi} e_{Hi} + \sum_{i=1}^{m} y_{3\beta i} e_{\beta i} + K_i \cdot \sum_{i=1}^{m} y_{3\Lambda i} e_{\Lambda i}}{P_y} \tag{3-45}$$

$$\tau_x = \frac{-\sum_{i=1}^{m} X_{3Hi} \tau_{Hi} + \sum_{i=1}^{m} X_{3\beta i} \tau_{\beta i} + K_i \cdot \sum_{i=1}^{m} X_{3\Lambda i} \tau_{\Lambda i}}{P_x} \tag{3-46}$$

$$e_x = \frac{\sum_{i=1}^{m} X_{3Hi} e_{Hi} + \sum_{i=1}^{m} X_{3\beta i} e_{\beta i} + K_i \cdot \sum_{i=1}^{m} X_{3\Lambda i} e_{\Lambda i}}{P_x} \tag{3-47}$$

4. 工作机构载荷荷不均匀性计算

刨刀在与被破碎的煤体相互作用过程中，刨刀所承受的载荷是其空间位移的随机函数。很多研究已经证实，单个刨刀上的载荷具有随机性质，而这种随机性质首先取决于煤体性质在空间的变化和刨削过程的特点。

（1）单个刨刀的载荷不均匀性可用变异系数v_c评价。v_c代表偏离平均值的程度。变异系数v_c取决于以下几个方面：①刨刀切入煤壁的形式（有自由进刀和等量进刀两种情况）。②煤层的性质。③刨屑形成过程的不均匀性。④刨刀的磨损程度。⑤刨削阻力沿工作面的变化。⑥刨头上安装刨刀的数量。

（2）刨头所受挤压力或刨削力总的变异系数v_c按式（3-48）计算。

$$v_{cz(y)}\sqrt{\frac{\left(v_{\Lambda z(y)} \mathrm{e}^{-k_z}\right)^2}{n} + v_L^{\,2}} \tag{3-48}$$

式中，$v_{\Lambda z}$为由于刨削不均匀而导致刨削力的变异系数与煤层脆特性和抗截强度A有关，具体关系见表3-10；$v_{\Lambda y}$为由于刨削不均匀而导致挤压力的变异系数与煤层脆特性和抗截强度A有关，具体关系见表3-11；v_L为沿工作面长度，刨削阻力变化时，与A和脆特性有关的变异系数，具体见表3-12；k_z为由于刨刀磨损而导致刨削力和挤压力的变异系数k_z，按式（3-49）计算。

$$k_z = \frac{S_z C_1}{\beta^2 b_{cp}} \tag{3-49}$$

式中，S_z为刨刀磨损面在刨削平面上的投影；C_1为常数，对刨削力取2.7，对挤压力取2.9；b_{cp}为刨头上刨刀刃的平均计算宽度，按式（3-50）计算。

$$b_{cp} = \frac{\sum_{i=1}^{n} b_{pi}}{n} \tag{3-50}$$

式中，b_{pi}为刨刀计算宽度；n为刨头中心线一侧的刨刀数量。

刨刀个数与刨刀截线数相等。

表3-10　刨削不均匀而导致刨削力的变异系数$v_{\Lambda z}$

煤层脆特性	煤层抗截强度A	
	80～160	160～240
韧性煤	0.5～0.60	0.60～0.70
脆性煤	0.75～0.85	0.85～0.95

表3-11　刨削不均匀而导致挤压力的变异系数$v_{\Lambda y}$

煤层脆特性	煤层抗截强度A	
	80~160	160~240
韧性煤	0.30~0.35	0.35~0.40
脆性煤	0.40~0.50	0.50~0.60

表3-12　煤层抗截强度A变化导致侧向力的变异系数v_L

煤层脆特性	等量进刀		自由进刀
	80~160	160~240	80~240
韧性煤	0.22	0.18	0.08
脆性煤	0.26	0.21	0.10

通常，在刨煤机设计中，可按一定的应用条件确定刨刀及其排列形式和刨头的有关参数，由此设计的刨头基本上可以满足刨煤机的装载要求。但由于刨头工作时，其刨削断面随时变化，处于刨削区内的刨刀在不同位置的刨削深度不同，因而刨头载荷随刨深和煤岩性质的变化而变化，这种变化将直接影响刨头和刨煤机工作的稳定性。通过对刨

头装煤力和摩擦力的分析与计算，以刨头受力最小作为评价刨刀排列是否合理和刨头工作平稳性的依据，从而为刨头的科学设计提供重要的理论依据。

3.3.2 刨头装煤力

刨头的装载原理实质与犁铲式装载机构的装载原理类似。装载过程是把煤从底板铲集达到向输送机装载所必需的高度。这种装载过程的缺点主要是推移煤堆沿工作面移动所需要的力很大。

3.3.2.1 刨头的装煤原理

刨头沿工作面移动的初期，在刨头前面形成一个移动的煤堆（拉延体），这个由刨头装煤斜面沿刨头工作面聚集起来的煤堆是一个不断膨大的物体。煤堆在刨头前面一直移动，直到输送机装煤斜面、刨头装煤斜面、煤壁和底板把煤堆抬高到装载高度，并装入工作面输送机为止。

在稳态工况下，煤堆不发生移动，而是不断地由新破落的煤和处在煤堆移动路程上的煤生成。拉延体的形成是刨头装载的必要条件，而拉延体的形成、大小和其移动所消耗的力，取决于刨头装载斜面的相关参数、煤的粒度、成分和湿度等因素。

3.3.2.2 装载条件

设力F是作用于煤体使其沿装载表面移动的力，该力是拉延体的移动力，并与装载表面法线方向成β角（图3–8）。

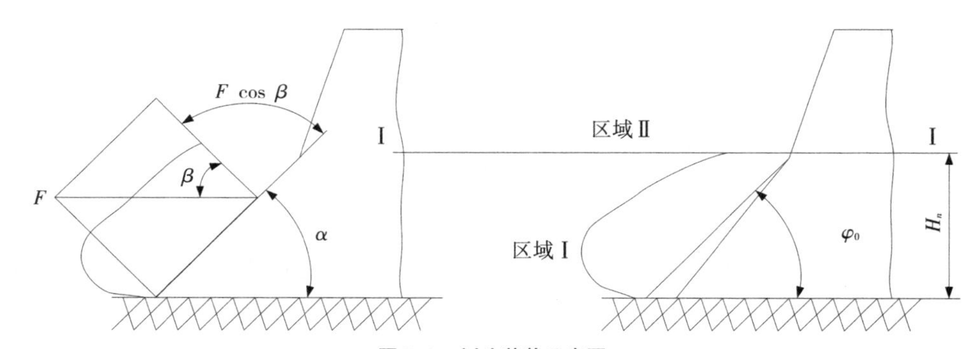

图3–8 刨头装载示意图

在满足式（3–51）的条件下，煤体开始沿装载表面移动。

$$F\sin\beta > Ff_0\cos\beta \tag{3–51}$$

式中，f_0为煤堆沿刨头装载斜面的滑动摩擦系数。

式（3–51）也可写成如下形式：

$$\tan\beta > f_0 = \tan\varphi_0 \tag{3–52}$$

$$或\beta > \varphi_0 \tag{3–53}$$

$$或\alpha < \frac{\pi}{2} - \varphi_0 \tag{3–54}$$

式中，α为刨头装煤斜面与煤层底板之间的夹角；φ_0为摩擦角。

煤堆可能开始沿装载表面移动的角，称为临界角α_k，其值按下式计算。

$$\alpha_k < \frac{\pi}{2} - \varphi_0 \tag{3-55}$$

若刨头装载表面的倾斜角大于临界角α_k，则在刨头装载斜面前形成密实的煤堆，它沿自身的装载表面，按照煤与煤的摩擦系数f_1移动。这时，因为煤与煤的摩擦系数比煤与钢的摩擦系数大，是其的 f_1/f_0 倍，所以，移动煤堆所需的力将增加。此外，由于刨头装载表面向前移动时，停滞区滑移使装载力增加。

当刨头装载斜面装煤时，在区域1中煤从底板上升到装载高度H_n，而在区域2中，煤将由工作面向输送机移动。

3.3.2.3 装载力计算

刨头装煤表面需要克服煤堆的阻力，取决于作用在刨头装载斜面的各分力之和（图3–9）。

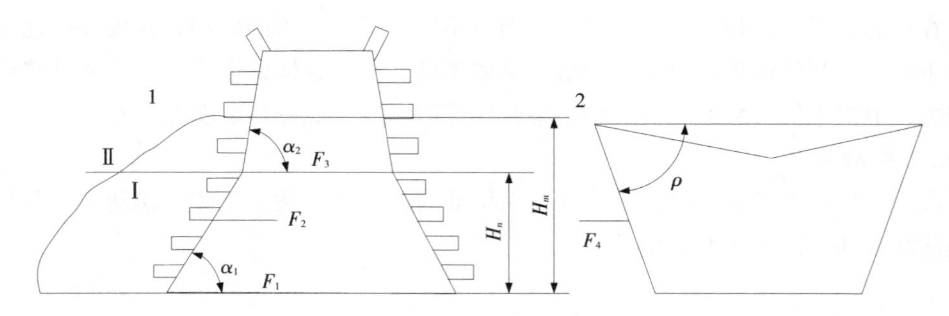

图3–9 刨头装载分力示意图

（1）刨头装载表面插入煤堆中所需要的力F_1。F_1 按式（3–56）计算。

$$F_1 = 5\,400\beta_c \tag{3-56}$$

$$\text{或} \quad F_1 = k\beta_c \tag{3-57}$$

式中，β_c为刨头装载表面的宽度；k为刨头装载斜面单位宽度上的插入力，对于煤堆，k=2 000 ~ 3 000 N/m。

（2）煤堆从刨头装载斜面移动到装载高度所需的力F_2。力F_2按式（3–58）计算。图3–10为装煤力计算图。

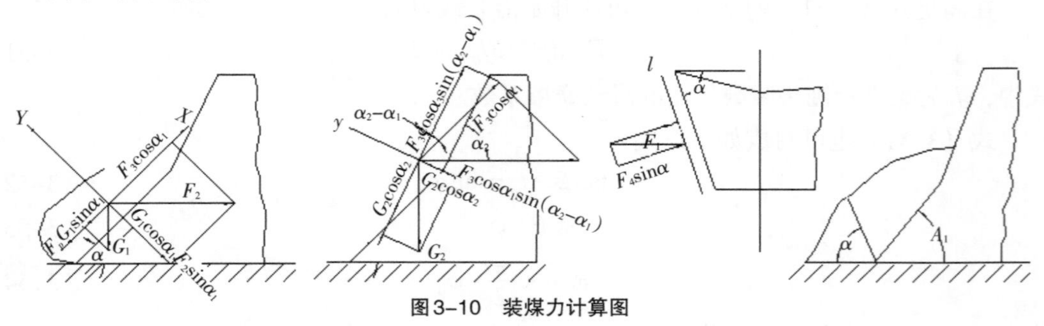

图3–10 装煤力计算图

$$F_2 \cos\alpha_1 - F_{tp} - G_1 \sin\alpha_1 = 0 \tag{3-58}$$

式中，α_1为刨头装载斜面的倾斜角度；实践证明，$\alpha_1 \leqslant 60°$比较合理；G_1为位于刨头装载斜面上且低于装载高度煤堆的重力。

$$F_{tp1} = f_0\left(F_2 \sin\alpha_1 + G\cos\alpha_1\right) \tag{3-59}$$

式中，f_0为煤与刨头装载斜面的摩擦系数。

由上述两式可以得出F_2。

$$F_2 = G_1 \frac{f_0 + \tan\alpha_1}{1 - f_0 \tan\alpha_1} \tag{3-60}$$

$$G_1 = \gamma g h_{\max}\left(H_{\min} + H_n - H_{c.\min}\right) H_n \cot\alpha_1 \tag{3-61}$$

式中，γ为煤层的密度；g为重力加速度；$h_{\max}$为最大刨深；$H_{\min}$为煤层的最低高度；H_n为刨头装载表面的高度；$H_{c.\min}$为刨头的最低高度（刨头基体的高度）。

（3）提升煤堆的力F_3。

F_3是用于克服区域2中煤堆阻力和区域1中煤堆沿装载表面提升的力，F_3按下式计算。

$$F_3 \cos\alpha_1 \cos\left(\alpha_2 - \alpha_1\right) - G_2 \sin\alpha_2 - F_{tp} = 0 \tag{3-62}$$

$$F_{tp2} = f_0\left[F_3 \cos\alpha_1 \sin\left(\alpha_2 - \alpha_1\right) + G_2 \cos\alpha_2\right] \tag{3-63}$$

由以上两式可得：

$$F_3 = G_2 \frac{\sin\alpha_2 + f_0 \cos\alpha_2}{\left[\cos\left(\alpha_2 - \alpha_1\right) - f_0 \sin\left(\alpha_2 - \alpha_1\right)\right]\cos\alpha_1} \tag{3-64}$$

式中，G_2为位于装载表面且超过装载高度部分煤堆的重力；α_2为刨头装载斜面高位处的倾角，$\alpha_2 \leqslant 75°$时比较合适。

$$G_2 = \gamma g h_{\max} \beta_c \left(H_{c.\min} - H_n + \beta_c \tan\varphi\right)\cos\rho \tag{3-65}$$

式中，φ为煤的自然安息角，湿煤$\varphi = 35°$，干煤$\varphi = 50°$；ρ为输送机装煤斜面与煤层底板形成的角度。

计算煤向输送机移动的力时，要考虑煤与刨头装载斜面的摩擦力F_{tp1}和煤与煤间的摩擦力F_{tp2}。

（4）煤堆被移动到输送机上所需的力F_4。

$$F_4 = \frac{K_\rho f_1 G_3}{\cos\rho - f_0 \sin\rho} \tag{3-66}$$

式中，G_3为向输送机移动煤堆的重力；K_ρ为工作方式影响系数，低速刨煤K_ρ取1.0，高速刨煤K_ρ取1.1；f_1为煤与煤之间的摩擦系数。

$$G_3 = \gamma g h_{\max} \beta_c^{\ 2} \tan\varphi \cos\rho \tag{3-67}$$

刨头推动煤堆时，一方面对煤堆进行提升；另一方面煤堆内部沿平面I–I还发生滑动，形成了“挤出楔”，增大了刨头的阻力。

（5）克服煤堆中的内摩擦力F_5。

$$F_5=\frac{2H_n\beta_c}{\sin 2\theta}\left[\tau_0+\mu\gamma g\frac{H_w\sin(\alpha_1+\theta)\cos\theta}{2\sin\alpha_1}\right] \tag{3-68}$$

式中，τ_0为煤堆的抗截强度，湿煤$\tau_0=0.0245$，干煤$\tau_0=0.0274$；θ为平面I–I与煤层之间的夹角，θ与α_1的关系见表3–13；μ为煤堆的内摩擦系数，湿煤$\mu=0.5$，干煤$\mu=0.85$；H_w为刨头前面的煤堆高度。

$$H_w=H_n+\beta_c\tan\varphi \tag{3-69}$$

表3–13 θ与α_1的关系

α_1（°）	30	45	60	75	90
θ（°）	66	53	48	51	52

由以上5式可得刨头装载表面总的装载力F_Γ。

$$F_\Gamma=F_1+F_2+F_3+F_4+F_5 \tag{3-70}$$

当装载表面的倾斜角超过临界角时可得总的装载力F_Γ'。

$$F_\Gamma'=1.5F_\Gamma \tag{3-71}$$

3.3.3 刨头摩擦力

刨煤机工作过程中，刨头主要受刨削阻力P_z、挤压力P_y、侧向力P_x、装煤力F_Γ和刨链拉力F_T的作用。由于这5个力的作用点不同，作用线都不通过刨头的重心，因此刨头运动过程中必定发生扭转，导致刨头摩擦力增大。

苏联和德国学者都对滑行刨煤机刨头所受摩擦力进行了分析和计算，发现二者均有不足之处，前者没有考虑煤层侧向力P_T对刨头形成的摩擦力；后者在计算摩擦力时，直接给出刨链拉力F_T的值，而F_T的值根据刨头摩擦力才可确定，因此这两种计算方法均不合理。在对现有各种滑行刨煤机刨头所受摩擦阻力分析的基础上，发现刨头因扭矩作用而产生的摩擦力中，刨链牵引力产生的扭矩起决定作用，其他阻力产生扭矩而引起的摩擦力比较小，可忽略不计。这也是反复强调刨链拉力点应尽量靠近输送机的主要原因。下面介绍刨头摩擦力T的方法。

用刨链拉力F_T把摩擦力T表示出来，即式（3–75），把此式代入式（3–76），求出F_T，进而解出T。

为形象说明刨头所受摩擦力的计算过程，以$BH/2\times160$型刨煤机刨头为例，分析和计算刨头所受的摩擦力，如图3–11所示。

刨头摩擦力T的计算，与P_z，P_y，P_x，F_Γ，F_T和刨链在链道中的摩擦力F_Y有关。刨头摩擦力T按式（3–72）计算。

$$T=S_{\mu k}+S_{\mu f}+S_{\mu s} \tag{3-72}$$

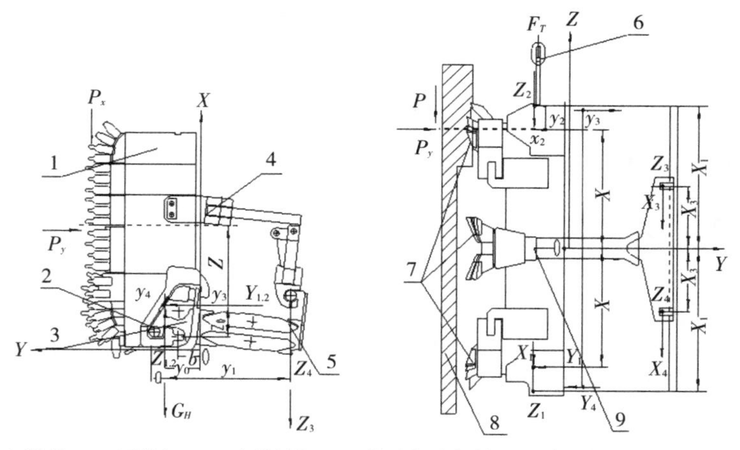

1. 刨头 2. 上滑架 3. 下滑架 4. 支撑桥架 5. 输送机中部槽 6. 牵引刨链 7. 刨刀 8. 煤壁 9. 刨头重心

图3–11 BH/2×160型刨煤机刨头受力图

式中，$S_{\mu k}$为煤壁侧向力P_x产生的摩擦力；$S_{\mu f}$为刨头质量G_H产生的摩擦力；$S_{\mu s}$为刨链拉力F_T产生的摩擦力。

$$S_{\mu k}=P_x\,\mu_k \tag{3–73}$$

式中，P_x为刨头所受煤壁的总挤压力；μ_k为刨头与底板间的摩擦系数。

$$S_{\mu f}=G_H\,\mu_f \tag{3–74}$$

式中，μ_f为刨头和滑架间的摩擦系数，$\mu_f=0.3$；G_H为刨头质量。

$$S_{\mu s}=\frac{\mu_f F_T b}{x} \tag{3–75}$$

根据刨头在y轴方向力矩平衡：

$$F_T\cdot b=y_3\cdot x+y_1\cdot \sin\alpha\cdot x \tag{3–76}$$

式中，F_T为刨链拉力；b为刨链拉力F_T作用线到x轴的距离；x为y_3作用线到x轴的距离。

所以，刨头沿输送机一侧滑动过程中，刨链拉力F_T对刨头产生的摩擦力为$S_{\mu s}$。$S_{\mu s}=\left(y_3+y_1\sin\alpha\right)\cdot\mu_f$。

式（3–76）是在刨头扭转极为严重的情况下得到的，随着刨头扭转状态的不同，Y轴方向力矩平衡式相应变化，但刨头所受摩擦力不变。因为无论滑架对刨头的作用力指向Y轴正向还是负向，滑架与刨头间的正压力大小不变。

3.3.4 刨煤机工作面推进油缸所需力 P_R

3.3.4.1 滑行刨煤机工作面推进油缸推杆所需力 P_R

每节溜槽均安装推进油缸：

$$P_R=0.5K_3P_y,\ \mathrm{N}$$

隔一节溜槽安装推进油缸：

$$P_R=K_3P_y,\ \mathrm{N}$$

式中，K_3为油缸推移力储备系数；P_y为刨头所受煤壁挤压力。

3.3.4.2　油缸总压力 P

$$P = P_R / 0.785 D_n^2$$

式中，D_n为油缸的活塞直径。

3.3.5　刨链总拉力 F_T

刨煤机工作过程中，刨链总拉力F_T按式（3–77）计算：

$$F_T = P_Z + F_\Gamma + T + F_Y \tag{3–77}$$

式中，P_Z为刨头所受的总刨削阻力；F_Γ为刨头总装载力；T为刨头所受的摩擦阻力；F_Y为刨链在链道中的摩擦阻力。

$$F_Y = \mu W_k$$

式中，W_k为整个链子的重力；μ为链子在导向架（链道）中的摩擦系数，$\mu = 0.3 \sim 0.6$。

$$W_k = 2 q_k L$$

式中，q_k为每米链重，根据预选刨链的规格确定；L为工作面长度。

3.3.6　刨煤机系统功率计算和刨链校核

3.3.6.1　驱动电动机输出轴总功率

刨煤机系统总功率N按式（3–78）计算。

$$N = \frac{F_T V_{b\max}}{\eta} \tag{3–78}$$

式中，$V_{b\max}$为刨煤机系统中所采用的最大刨速；η为刨煤机系统总传动效率。

3.3.6.2　刨链校核

根据刨链的规格确定刨链的破断负荷f_m，则刨链的安全系数n为：

$$n = \frac{f_m}{F_T} \tag{3–79}$$

3.4　小结

本章分析了影响刨煤机煤岩适刨性的主要因素。通过实现生产能力最大化为目标，研究刨煤机工况参数优化。对刨煤机刨头受力进行了分析计算，得到刨头装煤阻力、摩擦力计算结果。并对刨链拉力和功率进行了计算。

4 刨煤机刨刀刨削煤岩力学理论研究

本章在第6章实验基础上，通过理论计算和实验值分析，进一步研究影响刨刀刨削煤岩力学性能的主要因素，研究刨刀承受峰值载荷及其分布规律。

4.1 刨削煤岩破碎机理研究

4.1.1 刨刀刨削煤岩破碎过程

刨刀刨削煤岩属于切削破碎，煤岩刨削破碎现象与折断性切屑有某些相似之处，煤岩破碎过程如图4–1。费厄哈斯特认为，每次刨削破碎过程都要经过由小碎块到大碎块的过程，而刨削力的大小与碎块粒度相对应。在煤岩被刨刀刨削的过程中，小碎块是首先被破坏的，需要施加的刨削力此时相对较小，而且在形成煤岩小碎块的瞬时，刨削力也会减小，随着刨煤机刨削力的增加，被刨下的煤岩块度也相应增大。经过几次破碎，形成大碎块崩裂。在大碎块崩裂发生的瞬时，刨削阻力急速降为零。刨削阻力与刨削距离之间遵守波动变化关系，如图4–2。

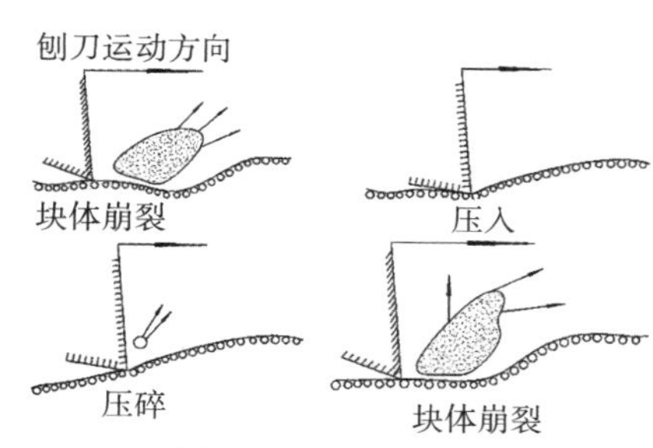

图4–1 煤岩破碎过程

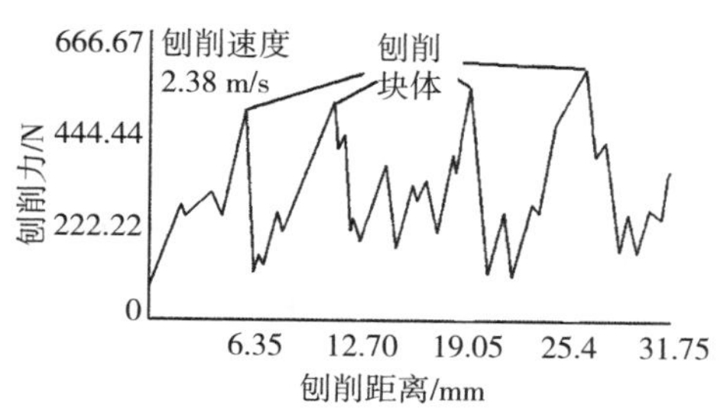

图4–2 刨削阻力波动

煤岩刨削时的边界条件与静压、冲击不同，它不是一个集中力或均布力作用在半无限体上，也不是法国学者顾恩明所假设的直角台阶形边界，而是如图4–3所示的边界。边坡与刨削轴压力之间的夹角$\varphi/2$与煤岩脆性大小有关，它约等于岩石破碎角的一半，其数值为60~75°。

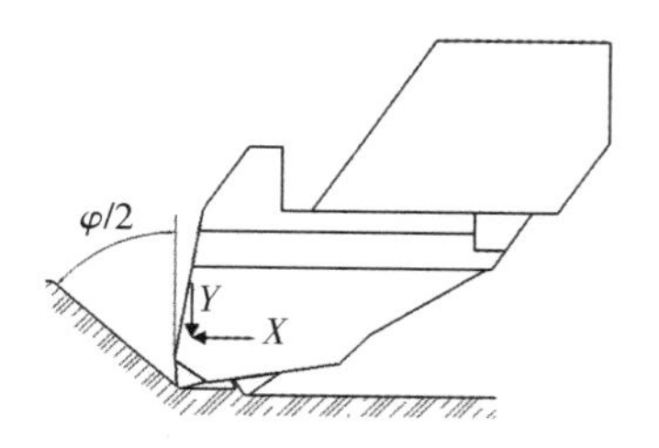

图4–3 刨削边界形状

刨煤机刨刀刨削煤岩属于跃进式破碎，按其破碎特征可将其分为4个阶段：

（1）变形阶段。刨刀刃尖是带有一定曲率的球体（不可能设计曲率为零的刃尖），按赫兹理论剪应力分布，如图4–4（a）。在接触点上剪应力值为零，离开此点到煤岩内一定距离的点剪应力达到极值，过此极值后，随着离开接触点距离的增加而逐渐下降。其中，最大拉应力发生在接触面边界附近的点。

（2）裂纹发生阶段。如图4–4（b）。当刨削力增加时，*E*，*F*两点处的拉应力大小超过煤岩抗拉强度，该点煤岩被拉开，并出现赫兹裂纹；*B*点处剪应力大于煤岩抗剪强度时，该点煤岩将被错开，从而出现剪切裂纹源。刨削力所做功的一部分转换成表面能。

（3）刨削核形成阶段。如图4–4（c）。刨削载荷继续增加，剪切裂纹扩展到自由面与赫兹裂纹相交。煤岩内已破碎的部分，将被运动的刨刀刀体挤压成密实（密度增大）的刨削核，并向包围煤岩粉的煤岩壁施加压力，其中一部分煤岩粉，是以很大的速度从前刃面与岩石的缝隙中射流出去。该阶段，刨削力所做功除小部分转成变形能和动能外，大部分转成表面能。

（4）煤块崩裂阶段。如图4–4（d）。载荷继续增加时，刨刀继续向前运动，在封闭刨削核瞬间，压力值超过*LK*面的剪切力时，会发生煤块体崩裂，刀具将在瞬间切入，而载荷瞬时下降，从而完成一次跃进式刨削破碎过程。

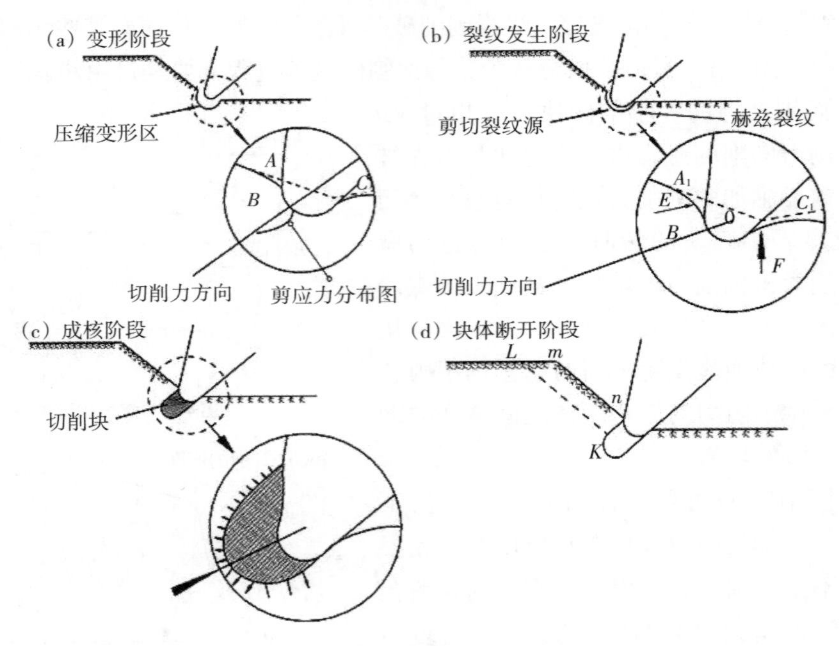

图4–4　刨削破碎模型

图4–5所示为3次跃进式刨削破碎相继发生的过程。如果块体Ⅰ是从刀尖开始按裂隙*Oa*从岩石分离下来，则刨削力并不下降到零值；如果块体Ⅱ是从刀尖开始沿*Ob*线离开煤岩体，刨削力的起始值为块体Ⅰ的卸载值（如图中曲线所示），块体Ⅱ的卸载值高于起始值；如果块体Ⅲ从煤岩体分离是按裂纹*Oc*先向岩体内部发展，后改变方向，向自由面扩展，刨削力的卸载值可降到零。刨刀还须空载（不接触煤岩）走过*OA*一段距离，才开始进行刨削。对大量煤岩进行了刨削力的测试工作，从而证实了上述3种切削崩裂的过程，其中，最常出现情况的是Ⅰ和Ⅱ两种崩裂。

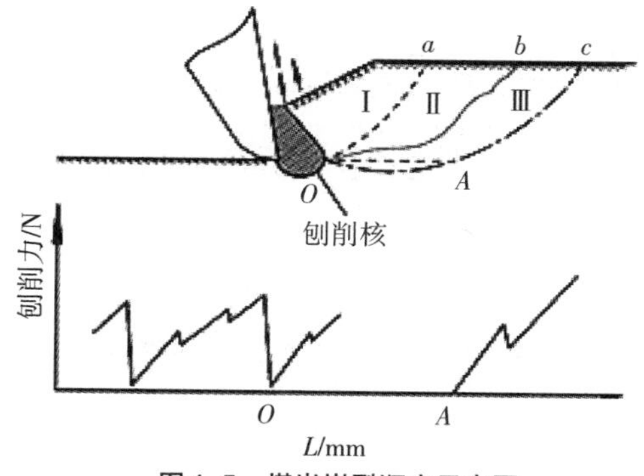

图4-5　煤岩崩裂顺序示意图

4.1.2　影响刨削破碎过程及刨削力的主要因素

由4.1.1论述可知，刨刀刨削煤岩过程中由于摩擦力比较大，导致最大剪应力小于滞流层（靠近刨刀刃已破碎和压实的材料）的剪切强度，滞流层与前刃面接触材料可以停止而沿层相传，愈积愈多在刨刀前刃面形成刨削核，并随刨刀一起运动。刨削核处于稳定阶段时能够代替刨刀进行刨削。刨削核是由于刨削底层与刨刀前刃面摩擦发生滞流产生的。因此凡是影响外摩擦的一些因素皆对刨削核形成有影响，从而影响刨削破碎过程和刨刀受力。刨削实验证明下述几种原因影响刨削核的形成。

4.1.2.1　煤岩脆塑性

刨削核的尺寸受到煤岩脆塑性质影响。较大的煤炭塑性、摩擦系数大，具有较大的接触长度，容易产生刨削核，故塑性煤岩出现刨削核的临界速度较脆性煤岩低（图4-6）。

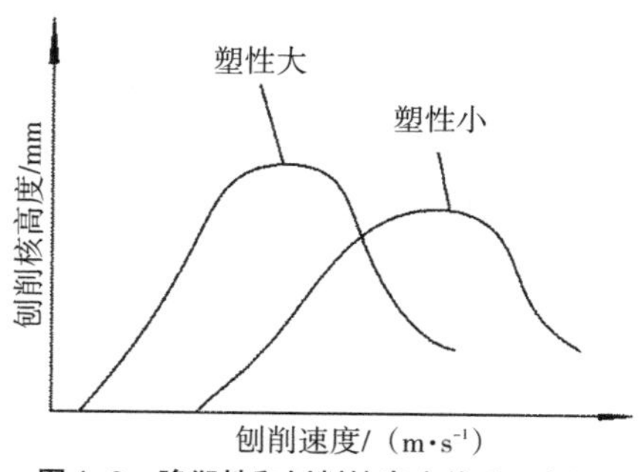

图4-6　脆塑性和刨削核高度关系示意图

4.1.2.2　刨削速度影响

刨削速度低时，摩擦系数小，滞留层不易固定下来，不易形成刨削核。刨削速度高时，温度升高，摩擦系数及摩擦力均下降，刨削核也不易形成。因此刨削核只有在一定的切削速度范围内才会出现，这点已被柯鲁辛的实验所证实。图4-7为刨削速度与刨削核高度的关系曲线，V_1和V_3为刨削核出现和消失的临界速度。

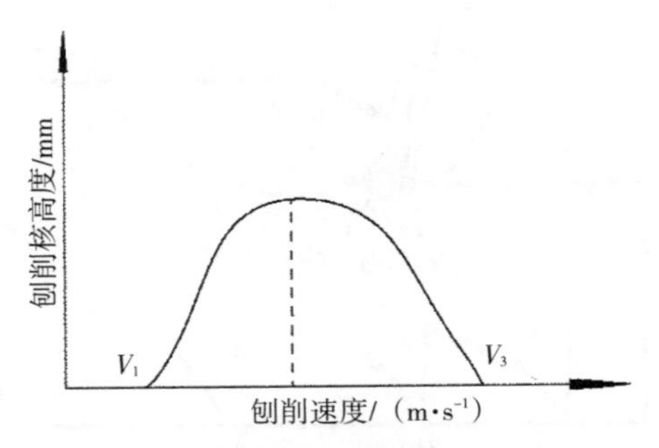

图4-7 刨削速度和刨削核高度关系示意图

通过这点，可以解释实验中速度的改变并没有引起刨削阻力的太大变化的原因。

4.1.2.3 刨削深度

在实验中，刨削深度增加，刨削阻力也随之增加。刨削深度增加引起刨削层截面增加，摩擦力增大，容易产生刨削核，故大刨深较小刨深出现刨削核的临界速度低（图4-8）。

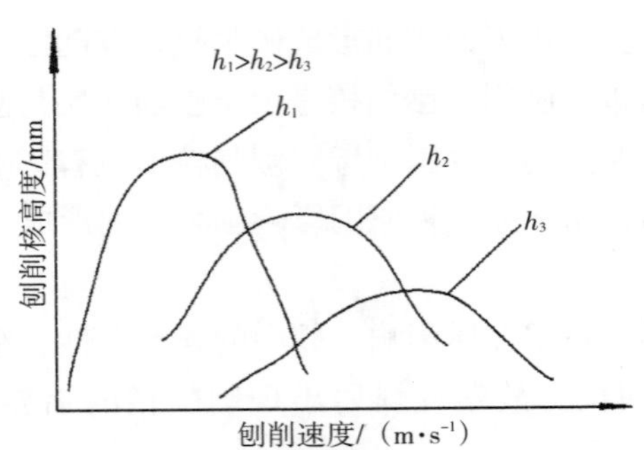

图4-8 刨削深度和刨削核高度关系示意图

4.1.2.4 刨刀前角

图4-9展示了刨刀前角与刨削核高度关系。当前角γ逐渐增大时，摩擦系数虽然会跟随增加，但变形较小，摩擦力和接触长度都很小，不容易形成刨削核，所以前角γ大的刨刀出现刨削核的临界速度较高。

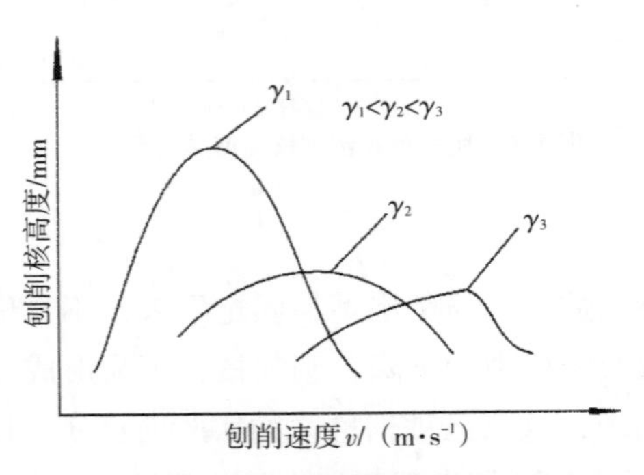

图4-9 刨刀前角与刨削核高度关系示意图

前角γ增大，刨削阻力减小。实验表明，$\gamma=30°$时的刨削阻力仅为$\gamma=0°$时的1/2，煤岩挤压力随前角γ的大而也迅速减小。由此可见，增加前角对降低刨削阻力和挤压力是有利的，但前角越大，刨刀刃磨损越快，同时刨刀刃强度也降低。所以，在选择刨刀前角时，还应综合考虑减小刨刀磨损和增加其强度。

4.1.2.5 刨刀后角和侧角

刨刀后刃面和侧刃面与煤岩接触面积大小，对刨削力有很大影响。试验研究表明，在后角由5°到20°时，刨削力减小20%~30%；而两侧角由0°增大到20°时，刨削力减小47%。从研究数据还可看出，刨刀后角大于10°时，对刨削力和挤压力影响很小，所以过度增加后角是不宜的。因为后角增加还会使刨刀强度和耐磨性降低。因此，设计刨刀结构时，应合理选取刨刀后角和侧角。

4.1.2.6 刨刀尖角

刀尖角β对刨削阻力影响很大。刀尖角减小，会使前角增加，刨削阻力减小。但刀尖角减小，导致刨刀强度变弱，容易折断损坏，因此应合理选取刨刀刀尖角。

4.1.2.7 刨刀宽度

刨刀宽度是影响切削断面面积和刨削力的主要几何参数之一。图4–10表示刨刀宽度与刨削断面关系。从图中可以看出，刨削断面面积取决于刨刀宽度b_p、刨削深度h和刨削崩落角φ，其计算方法如式（4–1）。

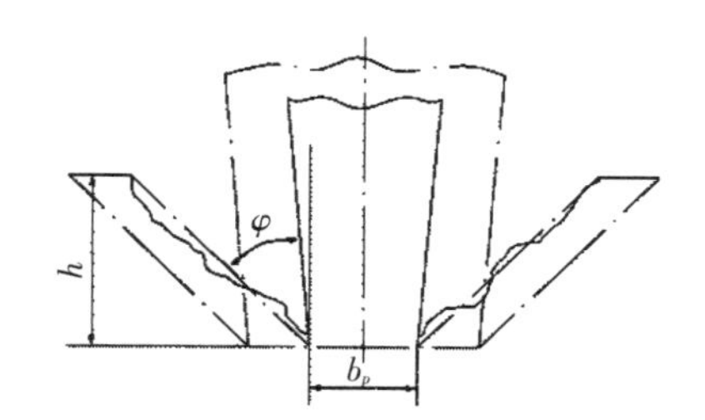

图4–10 刨刀宽度与刨削断面关系示意图

$$S=b_p h+h^2\tan\varphi \tag{4–1}$$

式中，b_p为刨刀宽度；h为刨削深度；φ为刨削崩落角；$h^2\tan\varphi$表示侧边倒塌所形成的破碎面积，是切屑断面的一部分，刨削深度h不变时，该项数值是固定的；$b_p h$表示与刀具宽度成比例变化的破碎面积，也是切屑断面的一部分。所以切屑断面与刨刀宽度呈线性关系。

刨削力随刨刀宽度变化的实测结果如图4–11，该实验是在刨削深度h=20 mm、刨削崩落角φ= 70°的条件下进行的。图中虚线OC段的性质难以确定，因为在极窄刀具$b_p<$（0.1 ~ 0.2 h）条件下，崩落角（倒塌的面积）和切屑面积大为减小。但在实际工程中并不使用刨刀刃过窄（寿命短）的刨刀，故对OC段可略去不计。前面已论述刨削力与切屑面积成正比例关系。图4–11进一步证实刨削深度不变时，刨削力随刨刀宽度增加而成比例地增加。

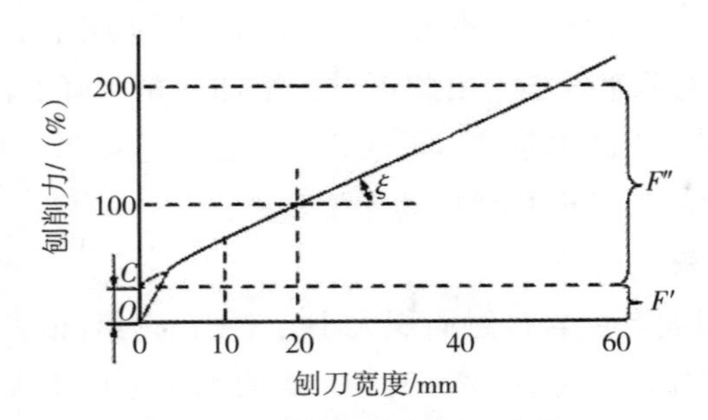

图4–11 刨削力随刨刀宽度变化

4.1.2.8 刨刀间距

当两个以上的刨刀同时刨削煤岩时，破碎效果取决于变形交叉带的大小，图4–12是刨刀间距影响煤岩破碎情况。图中D_1、D_2分别为两个相邻的切削具破碎岩石时产生一次大剪切时破碎穴的最大直径。若外载分布不使变形带相交，则形变发展互相无关。若形变带相交，外载中心距小于（D_1+D_2)/2，则体积O_1CO_2在大多数情况下可被破碎。这主要是因为在该体积中放出弹性形变能而产生断裂。当刨刀载荷进一步加大时O_1CO_2这部分煤岩一同被推出，如果两个相毗邻的刨刀间距太小，会导致两个压实区过分靠近，等于扩大各向压缩区，从而使两个相邻刨刀之间的煤岩发生剪切的困难性增大。

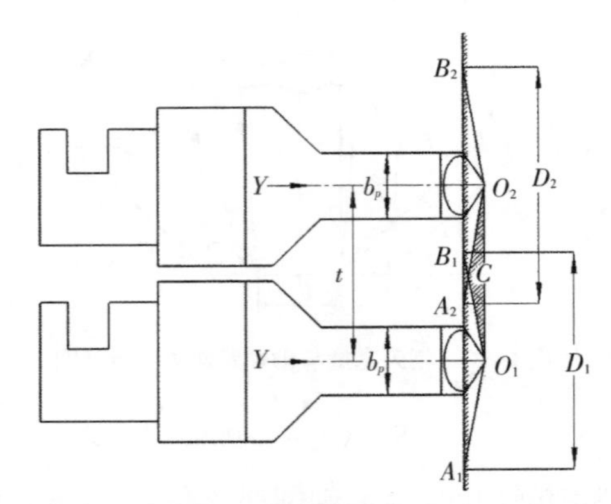

图4–12 刨刀间距影响煤岩破碎

4.2 刨刀刨削煤岩力学模型

刨削力学特性分析是研究刨削机理的基础，确立正确的刨削力计算方法并通过力学解析对刨削载荷进行准确计算，一直是各国学者研究刨削过程的主要目标。

4.2.1 刨刀刨削煤岩受力分析

无论是对刨刀做动力学分析还是进行静力学分析，刨刀所受到的煤层反作用力可分解为3个方向的力：与刨刀头前进方向平行的刨削阻力；与工作面方向垂直的煤层挤压力；垂直于顶板的煤壁侧向力。受力情况见图4–13。

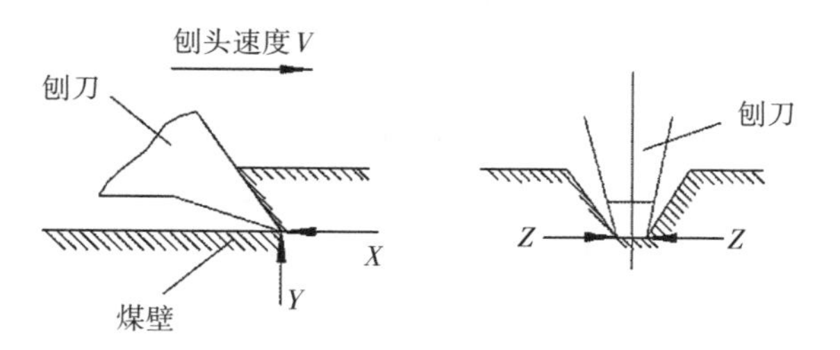

图4–13 刨刀受力示意图

3个方向力的关系用式（4–2）表达。

$$X=X_0+f_1Y+f_2Z \tag{4–2}$$

式中，X_0为单个刨刀所受的总刨削阻力；f_1为煤层挤压摩擦阻抗系数；Y为垂直工作面方向的煤层挤压力；f_2为煤壁侧向挤压摩擦阻抗系数；Z为顶板垂直的煤壁侧向力。

4.2.2 刨削力计算方法

4.2.2.1 根据静力学分解计算刨削力

别隆等建议按照静力学计算刨削力，刨刀前刃面上的压力分布已经由卡尔达维测出，如图4–14。最大压力不是产生在刨刀刃上，而是产生在与刨刀刃有一定距离的位置上，在离开刨刀刃稍远的位置处，压力迅速减小。根据这一点，将作用在刨刀刃上的集中力代替分布力，进行刨煤机刨削力计算。通过分析计算，可得到刨刀垂直刨削力P、水平刨削力F和侧向力X，如式（4–3）。

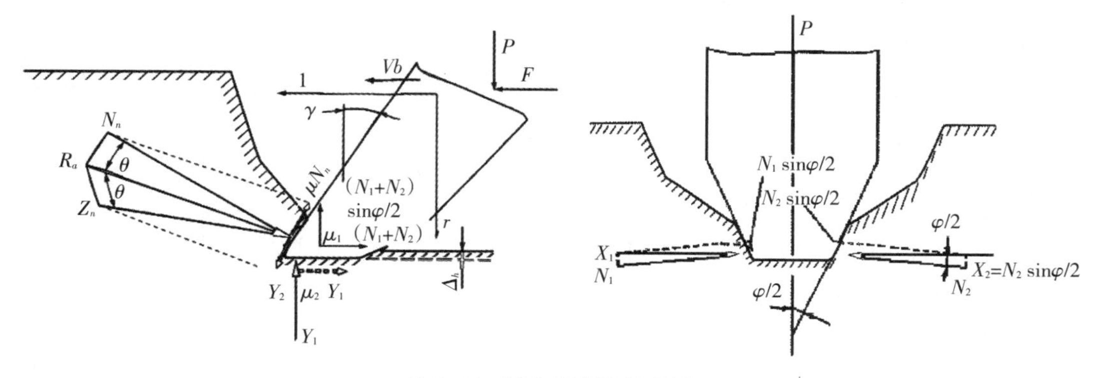

图4–14 静力学计算刨刀受力

$$\begin{cases}P=Y_1-N_n(\sin\gamma-\mu\sin\gamma)+\sin\dfrac{\varphi}{2},\\ F=N(\cos\gamma+\mu\sin\gamma)+\mu_1Y_1+\mu_2(N_2+N_1),\\ X=(N_2-N_1)\cos\dfrac{\varphi}{2},\end{cases} \tag{4–3}$$

上述推算刨削力（P，F）的方法，不涉及煤岩破坏机理和破碎准则的发生，是用于实测刨削力的一种方法，它对刨刀受力分析有参考作用，但不能预估刨削力（P，F），因为计算刨削力的值，必须首先知道Y_1，N_1，N_2，N_n以及μ和μ_1，μ_2。这7个未知数是没有现成数据可查的，全靠实验统计来确定具体数据。设计刨煤机过程中，该计算刨煤机刨削力的方法，一方面没有考虑动载荷对刨刀受力的影响；另一方面投资较高，设计周期较长。

4.2.2.2 根据最大拉剪应力计算刨削力

根据4.1.1节研究内容可知，刨刀刨削煤岩过程中，在起始裂纹发生阶段，是由于刨刀施加的拉应力超过煤岩的抗拉强度产生的，此时同时出现赫兹裂纹。因此，在这个阶段煤岩破碎主要为拉应力破坏，如图4-15，为简化计算，特作如下假设。

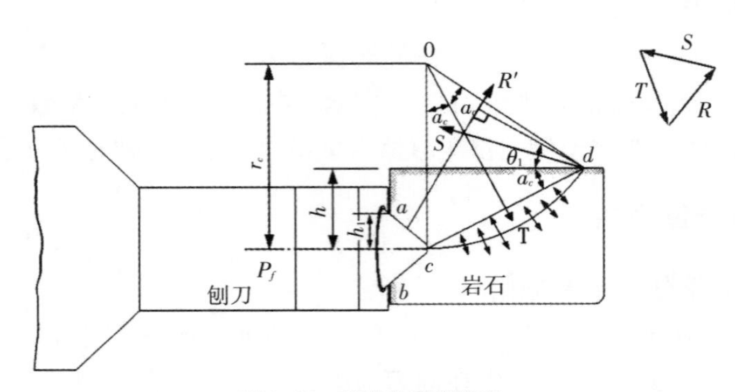

图4-15 拉应力破碎模型

（1）破碎线为圆弧形，该曲线在C点处的切线为水平线，现假设力S通过d点；

（2）破碎是拉应力产生的，按最大拉应力理论来判定破碎的界线；

（3）刨刀切入岩石的半刃宽度h_1比刨削厚度h要小得多，可以忽略不计；

（4）破碎面拉伸应力的合力通过圆弧的圆心，并且等于分圆弧角。

根据平面力系按力距和力最小值假说，确定形成块体所需的刨削力大小为P_f。破碎线cd弧上总拉应力T，可按式（4-4）计算其数值。

$$T=R_{拉}r_c\int_{-\alpha}^{\alpha}\cos\beta\mathrm{d}\beta=2R_{拉}r\sin\alpha \tag{4-4}$$

式中，$R_{拉}$为岩石的抗拉强度；r_c为破碎线圆弧半径；β为cd弧上微元元素所对应的角度；α为破碎线的圆弧半角。

在忽略刨深的条件下，求过d点之力矩，有下列关系

$$R'\frac{h}{\sin\alpha}\cos(\alpha+\theta)=Tr_c\sin\alpha \tag{4-5}$$

式中，R'为刨刀对煤岩的劈力；h为刨削深度。

根据破碎模型的几何关系可得：$r_c\sin\alpha=\frac{1}{2}\cdot\frac{h}{\sin\alpha}$，则$R'=\frac{R_{拉}h}{2\sin\alpha\cos(\theta+\alpha)}$

刨削力P_f可表示为

$$P_f = 2R' \sin\theta = \frac{R_{拉} h \sin\theta}{\sin\alpha \cdot \cos(\theta+\alpha)} \tag{4-6}$$

对上式求极值，得到$\alpha = \frac{1}{2}\left(\frac{\pi}{2}-\theta\right)$，代入上式，有

$$P_f = \frac{2R_{拉} h \sin\theta}{1-\sin\theta} \tag{4-7}$$

实际上，P_f值受岩石与刀具间摩擦角φ_f的影响。由于φ_f的影响，R'不可能与刨刀面垂直。但是加进P_f的影响，就没有上述的一些直角关系，也推导不出公式（4–7）。在建立模型时，略去φ_f的影响，在最后结论中，用$(\theta+\varphi_f)$代替式（4–7）中的θ值，保证接近或大于实际刨煤所需的P_f值。即，

$$P_f = \frac{2R_{拉} h \sin(\theta+\varphi_f)}{1-\sin(\theta+\varphi_f)} \tag{4-8}$$

随着刨刀沿刨削路径方向运动，逐渐出现剪切裂纹，这是由于刨刀与煤岩接触后产生的剪应力超过煤岩的抗剪强度造成的，所以在这个阶段煤岩主要承受剪应力破坏，如图4–16，并作了如下假设：

（1）刨削下的破碎面（分里面）遵守库伦—莫尔准则。

（2）刨刀刃垂直于刨削方向，而刨刀刃宽度比刨深大很多，并假设无侧向断裂和流动。

（3）破裂面是从刨刀刃开始，并按与刨削面成θ角方向向上发展到自由面。

（4）刨刀刃是锋利的，只有前刃面接触岩石。

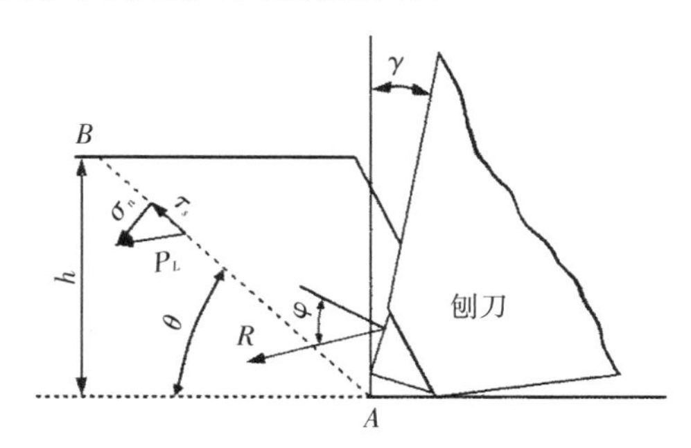

图4–16　剪切破岩模型

在上述假设条件下就可把刨削煤岩看成平面问题，通过求破碎面的剪应力和正应力推算刨削力，根据刀尖受力最大和自由面应力为零的边界条件，假设破裂线AB上的载荷分布，见式（4–9）。

$$P_L = P_0\left(\frac{h}{\sin\theta}-\lambda\right)^n \tag{4-9}$$

式中，P_0为由力平衡方程式所确定的常数；h为刨削深度；θ为刨削方向与破裂线AB之间的夹角；λ为从刀尖A点到AB线上任意点之间的距离；n为应力分布系数，与刨刀前角γ有关，可按n=11.3~0.18γ确定其值。

最后经过整理可得到单位刨刀宽度上外力，见式（4–10）。

$$R=\frac{2}{n+1}\cdot\tau_{剪}\cdot h\cdot\frac{\cos\varphi_T}{1-\sin(\varphi_T-\gamma+\varphi)} \tag{4-10}$$

通过试验可确定h，φ，$\tau_{剪}$，φ_T值，在已知岩石力学性质和n值的条件下，可以按上式估算R，进一步可确定水平刨削力和垂直刨削力。

因此，刨刀刨削煤岩过程中，总的刨削力X是上述两部分力的合力，即

$$X=R+P_f \tag{4-11}$$

该刨削力模型可以对刨刀受力的数值范围进行有效预测。

4.2.2.3 根据刨削试验装置确定刨削力

为了确定煤岩的抗切削强度，A. A. 斯阔琴斯基采矿研究所做了许多工作，给使用基于切削试验装置的测定方法提供了必要的理论依据。事实证明，只有使用这种方法，才能得到可靠而完整的抗切削强度特性，并且可以对工作面内的煤炭状态给出定量评价。目前，这种方法得到了广泛的应用，它已是刨刀刨削煤炭过程的工程计算基础。

最初的试验装置是ДКС型装置，是由B. M. 列依包夫提出和研制的。这种装置可直接在工作面测定刨削过程的一些特性，如平均切削力，单位能耗，单位路径中的断屑数目，刨削垮落宽度和角度。

根据用ДКС型装置的研究结果，得出抗切削强度指标A的定义为：在标准制度下，单位厚度的切削力增量，即$A=\Delta X/h$。

式中，A为抗切削强度指标；h为刨削深度；ΔX为切削力增量。

当刨削总长度为L，破碎煤岩总质量为G和煤的密度为γ_k，定义的刨削能耗为：刨削单位体积的煤岩，所需的功率，即，

$$H_W=\bar{X}L\gamma_k/G \tag{4-12}$$

式中，H_W为单位刨削能耗；$\bar{X}$为平均刨削阻力。

根据图4-10，考虑煤岩的崩落角φ，刨削深度为h时，从平坦的表面起，刨削崩落角φ的正切值如式（4-13）。

$$\tan\varphi=(1/h)\{[G/\gamma_k Lh]-b_p\} \tag{4-13}$$

式中，φ为刨削崩落角。

刨削单位能耗H_W为，

$$H_W=A/(b_p+h\tan\varphi) \tag{4-14}$$

式中，b_p为刨刀宽度。

根据式（4-1），苏联学者C. M. 阿卓富采娃进行了试验研究，并且发现煤岩崩落角与刨削深度和煤岩的脆性程度有关，相互关系为：

$$\tan\varphi=Bh^{-0.5} \tag{4-15}$$

式中，B为煤岩脆性指标。

考虑刨刀宽度对刨削力的影响，可用式（4.16）计算刨削力。

$$\Delta X=Ah(0.3+0.35b_p) \tag{4-16}$$

作为破碎过程效果的检验准则，最常用的指标是单位刨削能耗H_w，它等于破碎单位体积V的煤岩消耗的能量E，或等于平均刨削力$\bar{X}$与刨削断面积S的比值，即$H_W = E/V = \bar{X}/S$。

因此，任意宽度的刨刀，其单位刨削能耗可由刨削力与刨削下来的刨削断面积之比来确定，即：

$$H_W = A(0.3 + 0.35b_p)/(b_p + h\tan\varphi) \tag{4-17}$$

把式（4–15）带入式（4–17）可得：

$$H_W = A(0.3 + 0.35b_p)/(b_p + Bh^{-0.5}) \tag{4-18}$$

根据刨煤机刨削煤岩的工作方式，刨刀平均刨削力为：

$$\bar{X} = H_W \cdot S = \frac{A(0.3 + 0.35b_p)}{(b_p + h\tan\varphi)}th \tag{4-19}$$

式中，t为刨刀间距。

在综合考虑众多影响因素的基础上，得到单个锐利刨刀承受的刨削阻力为X_0。

$$X_0 = 1.1A\frac{(0.35b_p + 0.3)}{(b_p + h\tan\varphi)k_6}htk_1k_2k_3k_4k_5\frac{1}{\cos\beta} \tag{4-20}$$

式中，A为煤层非地压影响区的刨削阻抗（即煤层抗刨削强度）；h为刨削深度；b_p为刨刀刨削部分的计算宽度；t为刨刀间距；k_1为外露自由表面系数；k_2为刨削角δ的影响系数；k_3为刨刀前刃面形状系数；k_4为刨刀排列方式系数；k_5为地压系数；k_6为考虑煤的脆塑性系数；φ为刨削崩落角；β为刨刀相对刨头牵引方向的安装角度。

（1）单个刨刀受力计算。由3.3.1节内容可知，刨刀工作过程中受到三向力作用，考虑到刨刀的磨损情况，刨刀三向力可分别用式（4–21）、式（4–22）和式（4–23）计算得到。

①单个刨刀总刨削阻力X。

$$X = X_0 + f'Y \tag{4-21}$$

式中，X_0为单个锐利刨刀所受的刨削阻力；f'为刨削阻抗系数；Y为单个刨刀所受的煤岩挤压力。

②单个刨刀所受的煤岩挤压力Y。

$$Y = k_n(1 + 1.8S_z)X_0 \tag{4-22}$$

式中，k_n为压紧力和锐利刨刀刨削力的比值；S_z为刨刀磨损后在切削平面上的投影面积。

③单个刨刀所受的煤岩侧向力Z。

$$Z = 10k_\delta(0.22Ak_5 + 75hk_h - 40t - 100) \tag{4-23}$$

式中，k_δ为刨刀排列方式对X的影响系数；k_5为地压影响系数；k_h为刨削深度对侧向力X的影响系数。

（2）刨头受力计算。所有刨刀受力之和可按单个刨刀受力并考虑刨刀总数计算得出。从而可计算得出刨头受到的刨削阻力X_b、煤岩挤压力Y_b和煤岩侧向力Z_b。

①刨头所受煤壁刨削阻力X_b。刨头的刨削阻力应是刨头中心线一侧所有刨刀刨削阻力的合力。刨头刨削阻力X_b按式（4–24）计算：

$$X_b = \sum_{i=1}^{n} X_{Hi} + \sum_{i=1}^{n} X_{oi} + \sum_{i=1}^{n} X_{ni} + \sum_{i=1}^{n} X_{\beta i} + K_i \sum_{i=1}^{n} X_{\Lambda i} \tag{4–24}$$

式中，X_{Hi}为刨头底部刨刀所受的平均刨削阻力；X_{oi}为超前刨刀所受的平均刨削阻力；X_{ni}为掏槽刨刀所受的平均刨削阻力；$X_{\beta i}$为刨头顶部刨刀所受的平均刨削阻力；$X_{\Lambda i}$为直线式和阶梯式排列刨刀所受的平均刨削阻力；n为各种刨刀所对应的数量；K_i为刨刀同时工作系数；K_i的取值见表4–1。

②刨头所受煤壁挤压力Y_b。刨头所受煤壁挤压力Y_b，实质是煤壁对刨头的反推力，也就是煤壁的横向反力，应该是刨头中心线一侧所有刨刀挤压力的合力。刨头刨削阻力Y_b按式（4–25）计算：

$$Y_b = \sum_{i=1}^{n} Y_{Hi} + \sum_{i=1}^{n} Y_{oi} + \sum_{i=1}^{n} Y_{ni} + \sum_{i=1}^{n} Y_{\beta i} + K_i \sum_{i=1}^{n} Y_{\Lambda i} \tag{4–25}$$

式中，Y_{Hi}为刨头底部刨刀所受的平均挤压力；Y_{oi}为超前刨刀所受的平均挤压力；Y_{ni}为掏槽刨刀所受的平均挤压力；$Y_{\beta i}$为刨头顶部刨刀所受的平均挤压力；$Y_{\Lambda i}$为直线式和阶梯式排列刨刀所受平均挤压力；n为各种刨刀所对应的数量；K_i为刨刀同时工作系数，K_i的取值见表4–1。

表4–1　刨刀同时工作系数K_i

项目	极脆性煤	脆性煤	黏性煤
K_i	0.85	0.90	0.95

③刨头所受煤壁侧向力Z_b。

刨头所受煤壁侧向力Z_b，实际是煤壁沿垂直于顶底板方向对刨头的作用力。Z_b按式（4–26）计算。

$$Z_b = \sum_{i=1}^{n} Z_{Hi} + \sum_{i=1}^{n} Z_{\beta i} + K_i \sum_{i=1}^{n} Z_{\Lambda i} + \sum_{i=1}^{n} Z_{oi} + \sum_{i=1}^{n} Z_{ni} \tag{4–26}$$

式中，Z_{Hi}为刨头底部刨刀所受的侧向力；$Z_{\beta i}$为刨头顶部刨刀所受的平均侧向力；$Z_{\Lambda i}$为工作在阶梯式刨刀所受的平均侧向力；Z_{oi}为超前刨刀所受的平均刨削阻力；Z_{ni}为掏槽刨刀所受的平均刨削阻力；n为各种刨刀所对应的数量；K_i为刨刀同时工作系数，K_i的取值见表4–1。

（3）刨头所受平均合力及其作用点坐标计算。刨头所受的平均合力坐标，是指刨头所受3个方向的合力X_b，Y_b，Z_b在三维坐标中到不平行于自身坐标轴的距离（图4–17）。

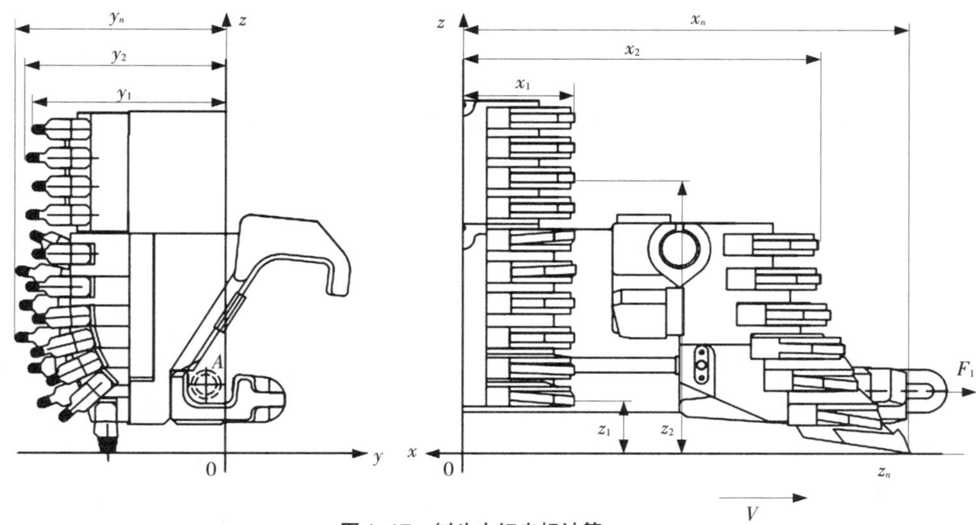

图4–17　刨头力矩坐标计算

①刨削合力X_b坐标

沿Y轴坐标y_X，

$$y_X=\frac{\sum_{i=1}^{n}X_{Hi}y_{Hi}+\sum_{i=1}^{m}X_{oi}y_{oi}+\sum_{i=1}^{n}X_{3ni}\cdot y_{ni}+\sum_{i=1}^{n}X_{\beta i}y_{\beta i}+K_i\sum_{i=1}^{n}X_{\Lambda i}y_{\Lambda i}}{X_b} \tag{4–27}$$

式中，y_i为各种刨刀所受平均刨削力沿Y轴到XOZ面的距离。

沿Z轴坐标z_X，

$$z_X=\frac{\sum_{i=1}^{n}X_{Hi}y_{Hi}+\sum_{i=1}^{n}X_{oi}z_{Hi}+\sum_{i=1}^{n}X_{ni}z_{ni}+\sum_{i=1}^{n}X_{\beta i}z_{\beta i}+K_i\sum_{i=1}^{n}X_{\Lambda i}z_{\Lambda i}}{X_b} \tag{4–28}$$

式中，z_i为各种刨刀所受平均刨削力沿Z轴到XOY面的距离。

②挤压力合力Y_b

沿X轴坐标x_Y，

$$x_Y=\frac{\sum_{i=1}^{n}Y_{Hi}x_{Hi}+\sum_{i=1}^{n}Y_{oi}x_{Hi}+\sum_{i=1}^{n}Y_{ni}x_{ni}+\sum_{i=1}^{n}Y_{\beta i}x_{\beta i}+K_i\sum_{i=1}^{n}Y_{\Lambda i}x_{\Lambda i}}{Y_b} \tag{4–29}$$

式中，x_i为各种刨刀所受平均挤压力沿X轴到YOZ面的距离。

沿Z轴坐标z_Y，

$$z_Y=\frac{\sum_{i=1}^{n}Y_{Hi}z_{Hi}+\sum_{i=1}^{n}Y_{oi}z_{Hi}+\sum_{i=1}^{n}Y_{ni}z_{ni}+\sum_{i=1}^{n}Y_{\beta i}z_{\beta i}+K_i\sum_{i=1}^{n}Y_{\Lambda i}z_{\Lambda i}}{Y_b} \tag{4–30}$$

式中，z_i为各种刨刀所受平均挤压力沿Z轴到XOY面的距离。

③侧向力合力Z_b坐标

沿X轴坐标x_Z，

$$x_Z = \frac{-\sum_{i=1}^{n} Z_{Hi} x_{Hi} + \sum_{i=1}^{n} Z_{\beta i} x_{\beta i} + K_i \sum_{i=1}^{n} Z_{\Lambda i} x_{\Lambda i}}{Z_b} \tag{4-31}$$

式中，x_i为各种刨刀所受平均侧向力沿X轴到YOZ轴的距离。

沿Y轴坐标y_Z，

$$y_Z = \frac{-\sum_{i=1}^{n} Z_{Hi} y_{Hi} + \sum_{i=1}^{n} Z_{\beta i} y_{\beta i} + K_i \sum_{i=1}^{n} Z_{\Lambda i} y_{\Lambda i}}{Z_b} \tag{4-32}$$

式中，y_i为各种刨刀所受平均侧向力沿Y轴到XOZ面的距离。

上述3种刨削力计算方法在刨削结果的预测和刨削机理的力学解析方面，做出了重要贡献，但仍有欠完善之处。静力学计算刨削力方法，长期以来一直在刨刀受力分析领域被广泛使用，尤其是在刨煤机理论计算教学中；但其对刨削过程作了大量简化，刨削力的计算值和实验结果有较大出入，不能实现刨削结果的准确预算，近年来，所使用的刨刀以带有合金刀头的刨刀为主，因此，为准确计算刨刀受力，在ДKC型装置研究结果的基础上，通过大量理论计算、实验统计分析，建立一种适用于带有圆柱状合金刀头的刨刀阻力计算力学方法。

4.2.2.4　本次实验刨削力确定

根据刨煤机的实际运行情况，具体分析带有圆柱状合金刀头的刨刀受力情况，通过实验与理论的比较观察合金刀头对刨刀的影响状态。第6章中，已经分析出合金刀头结构参数变化会引起刨刀所受刨削阻力的变化，主要针对圆柱状合金刀头的直径和锥度两个结构参数进行研究。

硬质合金具有很多优点：如高强度和硬度，耐磨损和高温，抗腐蚀、氧化，膨胀系数小，在工业上被广泛用于制造刀具、模具、量具、采掘工具等零件。硬质合金零件的尺寸大多比较小，所以常需要固定在一个较坚实的支承材料上，作为一种镶嵌件而存在。刨刀与刀体采用钎焊工艺，钎焊是把硬质合金固定到钢或其他基体金属上最重要的方法之一，钢和硬质合金的钎焊通常采用铜基及银基钎料。硬质合金焊接使用的钎料是纯铜，这是因为纯铜钎料属单相组织，焊接过程中钎焊温度容易控制，并对各类硬质合金具有良好的润湿性能；价格相对便宜、塑性好；并能根据接头的工艺要求加工成丝、箔、粉末等形式；接头强度也比较高，剪切应力能达到150 MPa左右；钎料焊缝还能够耐高温，其中的铜元素不会对硬质合金性能有任何损伤。

（1）合金刀头直径。为研究合金刀头的结构尺寸对刨刀所受阻力的影响，设计一系列不同尺寸的合金刀头进行大量实验，通过对实验数据的分析，修正单个刨刀的计算公式。

采用第6章的实验系统，研究合金刀头对刨刀刨削煤岩力学特性。煤岩特性、工况条件和刨刀其他结构参数与第6章所述一致，根据合金刀头锥度和合金头直径不同，研制多种刨刀（表4–2）。

表4-2 实验刨刀合金刀头参数

刨刀刀号	合金刀头长度/mm	合金刀头直径/mm	刀尖锥度/(°)
No.01	30	22	77
No.02	30	20	77
No.03	30	18	77
No.04	30	16	77
No.05	30	14	77
No.06	30	12	77
No.07	30	16	85
No.08	30	16	81
No.09	30	16	73
No.10	30	16	69
No.11	30	16	65

为研究合金刀头与刨削阻力的关系，首先将01~06号刀分别安装在研制的试验刨头上进行刨削实验，由于01~06号刨刀刀尖锥度相同，所以通过实验可确定合金刀头直径与刨削阻力的关系。其中，02号、04号和06号刀都已经在第6章中做过相应的测试实验，所以进行其余3把刀的实验。整理实验数据并统计，得到不同刨刀刨削时平均载荷曲线如图4-18，通过式（4-33）和式（4-34）可以分别计算出各组实验的平均值和标准差，其统计值见表4-3，为减小开始时实验数据对计算结果的影响，统计计算均从第一个峰值开始。

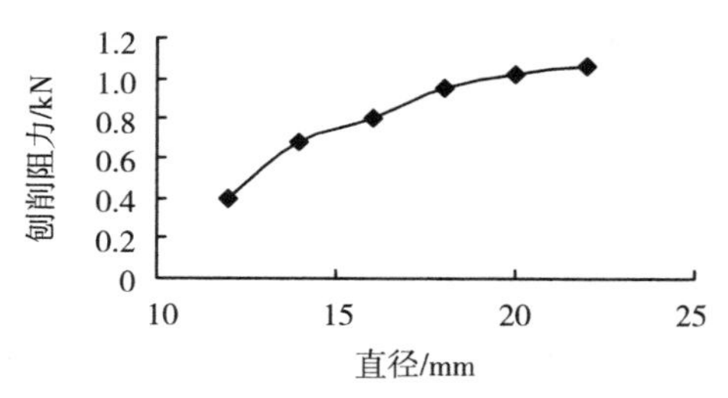

图4-18 刨削阻力均值与合金刀头直径关系

$$\bar{X}=\frac{1}{n}\sum_{i=1}^{n}X_i \tag{4-33}$$

$$s^2=\frac{1}{n-1}\sum_{i=1}^{n}(X_i-\bar{X})^2 \tag{4-34}$$

表4-3 刨削阻力实验统计 kN

刨刀刀号	最大值	最小值	平均值	方差
No.01	30.7	5.7	10.6	20.02
No.02	29.8	3.5	10.2	18.23
No.03	27.7	3.8	9.5	17.34
No.04	22.3	2.4	8.1	16.92
No.05	17.1	2.3	6.8	17.40
No.06	10.4	2.0	4.0	15.34

由图4-18和表4-3可以看出，带有合金刀头的刨刀（刨刀刀号：No.01~No.06）随合金头直径的减小，刨削阻力均值减小，方差减小。合金头直径增加时引起刨削层截面

增加，摩擦力增大，容易产生刨削核，故合金头直径大较合金头直径小的刨刀出现刨削核的临界速度低。刨削阻力方差减小说明刨削阻力的波动较平缓，更逼近阻力的均值。合金刀头直径增加引起刨削过程中的煤层接触面积增加，可以适当降低阻力波动。

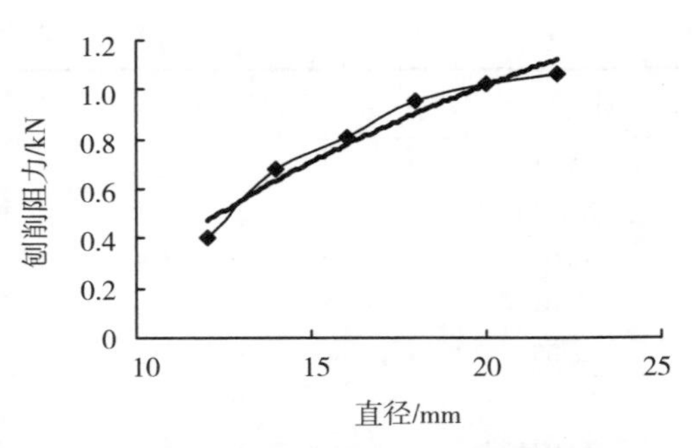

图4-19 刨削阻力均值与合金刀头直径拟合关系

以上述实验数据为基础，通过Matlab软件得到合金头直径与单把刨刀刨削阻力的拟合曲线，如图4-19，拟合曲线公式为

$$f(x)=12.44-50.46\mathrm{e}^{-0.154x} \tag{4-35}$$

式中，x为拟合函数的自变量，在图4-19中代表合金刀头的直径；$f(x)$为拟合函数，在图4-19中代表刨削阻力。

曲线拟合的好坏可以通过计算拟合程度$R^2=1-A/S$来评估。
式中，A为残差的平方和；S为数集与平均值之差的平方和，R的平方值越接近1，则A越接近于0，残差就越小，拟合曲线越好。拟合式（4-35）的$R^2=0.9899$，说明曲线拟合程度较好，涵盖了实测数据，具有较好的一般性。

其中，残差的平方和为$A=\sum_{i=1}^{n}\left[f(x_i)-y_i\right]^2$，平均值差的平方和为$S=\sum_{i=1}^{n}(y_i-\bar{y})^2$
式中，y_i为实验测试数据；$\bar{y}$为实验数据的平均值；n为拟合数据的数量。

按照刨刀受力分析，用$\bar{X}$和d分别替换式（4-35）中的$f(x)$和x，得到

$$\bar{X}=12.44-50.46\mathrm{e}^{-0.154d} \tag{4-36}$$

式中，$\bar{X}$为单把刨刀平均刨削阻力；d为刨刀合金刀头直径。

在前文中提出一个乘数k_7，在此次所进行的实验中研究k_7受合金刀头的直径与锥度影响。为了区分式（4-16）中的$\bar{X}$，将式（4-16）中的$\bar{X}$用$\overline{X'}$替换，则式（4-36）与式（4-16）的比值定义为乘数k_7，式（4-36）中只描述了在同一实验系统影响（系统误差等影响因素相同）下的k_7与合金刀头直径关系，标记为$k_{7(\varphi=77)}$，即

$$k_{7(\varphi=77)}=\frac{\bar{X}}{\overline{X'}} \tag{4-37}$$

则刨削阻力$\bar{X}$为

$$\bar{X}=k_{7(\varphi=77)}Ah(0.3+0.35b_p) \tag{4-38}$$

其中，乘数k_7为

$$k_{7(\varphi=77)}=1-4.056\mathrm{e}^{-0.154d} \tag{4-39}$$

式中，d为合金刀头直径。

（2）合金刀头锥度。将04号刨刀以及07~11号刨刀分别安装在研制的试验刨头上进行刨削实验，由于此时合金刀头直径相同，从而可确定合金刀头刀尖锥度φ与刨削阻力

的关系。其中，04号、07号和10号刨刀都已在第6章中做过相应的测试实验，所以进行其余3把刨刀的测试实验。整理实验数据并统计，通过式（4–33）和式（4–34）可以分别计算出各组实验的平均值和标准差，其统计值见表4–4，为减小开始状态的实验数据对计算结果的影响，统计计算均从第一个峰值开始。

表4–4　刨削实验统计

kN

刨刀刀号	最大值	最小值	平均值	方差
No.07	29.1	5.7	10.9	18.23
No.08	28.2	3.5	9.5	17.91
No.04	22.3	3.8	8.1	16.92
No.09	16.4	2.4	6.8	17.54
No.10	18.9	2.3	4.0	17.88
No.11	11.3	2.0	4.0	17.36

图4–20为刨削阻力均值与合金刀头锥度关系。

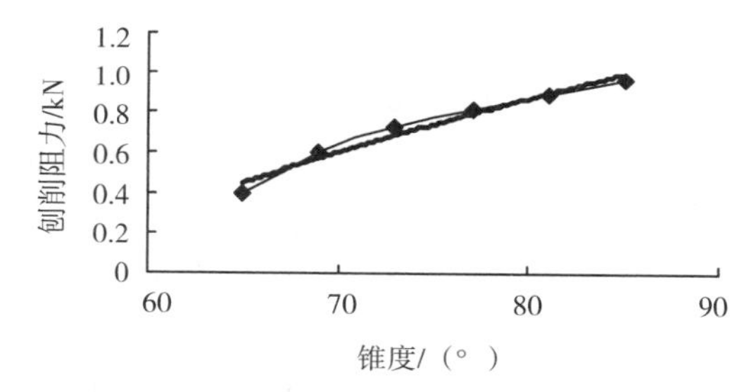

图4–20　刨削阻力均值与合金刀头锥度关系

由图4–20和表4–4可以看出，带有合金刀头的刨刀（刨刀刀号：No.04、No.07~ No.11）随合金头锥度的增加，刨削阻力的均值增大，方差虽有稍许变化，但是总体上在1.8上下波动。合金头锥度减小时增加了刀尖处的应力集中，更容易产生初始裂纹，增加落煤块度。但是，锥度过小，就会降低合金头的强度，产生磨损甚至被挤碎。

以上述实验数据为基础，通过Matlab软件得到合金头直径与单把刨刀的拟合曲线，拟合曲线公式为

$$f(x)=12.44-254.13^{-0.053x} \tag{4-40}$$

式中，x为拟合函数的自变量，在图4–20中代表合金刀头的锥度；$f(x)$为拟合函数，在图4–20中代表刨削阻力。

同时，拟合曲线的$R^2=0.995\,7$，R的平方值接近1，说明拟合曲线越好地解释、涵盖了实测数据，具有较好的一般性。

按照刨刀受力分析，用$\bar{X}$和φ分别替换式（4–31）中的$f(x)$和x，则

$$\bar{X}=12.44-254.1\mathrm{e}^{-0.053\varphi} \tag{4-41}$$

计算乘数k_7，图4–20中只描述k_7与合金刀头锥度φ关系，用$k_{7(d=16)}$表示，得

$$k_{7(d=16)}=1-20.43\mathrm{e}^{-0.053\varphi} \tag{4-42}$$

通过分析可以获知乘数k_7与合金刀头的直径和锥度有关，即：$k_7\propto(\varphi, d)$。

设k_d为该系统中乘数k_7随合金刀头的直径变化关系，k_φ为乘数k_7随合金刀头的锥度变化关系；$\bar{X}$为带有合金刀头时刨刀所受阻力；$\overline{X}$为无合金刀头的刨刀所受阻力，则，

$$k_7=G(\varphi, d)=k_\varphi k_d \tag{4-43}$$

由式（4-39）、式（4-42）和（4-43）可以得到，

$$\begin{cases} k_{7(\varphi=77)}=1-4.056\mathrm{e}^{-0.154d}=k_{\varphi=77}\cdot k_d \\ k_{7(d=16)}=1-20.43\mathrm{e}^{-0.053\varphi}=k_\varphi\cdot k_{d=16} \end{cases} \tag{4-44}$$

将式（4-44）中的两式相乘得，

$$k_{7(\varphi=77)}\cdot k_{7(d=16)}=(k_{\varphi=77}k_{d=16})\cdot k_\varphi k_d=G(77, 16)\cdot G(\varphi, d)=k_7\cdot G(77, 16) \tag{4-45}$$

通过拟合的曲线可知$G(77, 16)=0.651$，因此，

$$k_7=\frac{(1-4.056\mathrm{e}^{-0.154d})\cdot(1-20.43\mathrm{e}^{-0.053\varphi})}{0.651} \tag{4-46}$$

在实验中单把带有合金刀头的刨刀所承受刨削阻力均值为

$$\bar{X}=k_7Ah(0.3+0.35b_p) \tag{4-47}$$

式中，$\bar{X}$为单把刨刀平均刨削阻力；A为煤层抗刨削强度；h为刨削深度；b_p为刨刀刨削部分的计算宽度。

那么，在刨头上安装多把合金刀头刨刀时，每把刨刀承受的刨削阻力为

$$X_0=1.1A\frac{0.35b_p+0.3}{\cos\beta\cdot(b_p+h\tan\varphi)k_6}htk_1k_2k_3k_4k_5k_7 \tag{4-48}$$

4.3 刨刀峰值载荷和载荷谱分析

4.3.1 刨刀承受峰值载荷确定

刨刀遇到硬包裹体时，将承受较大载荷。这是刨刀折断和刨煤机工作机构损坏的主要原因之一。通过研究影响刨刀承受峰值载荷的因素，对分析刨刀结构参数与峰值载荷之间的关系有重要意义。

刨刀工作过程中，当遇到包裹体与煤岩之间结合力比煤粒之间结合力大的情况下，刨刀上会产生峰值载荷。根据矿物学成分，包裹体可分为3类：碳酸盐类、碳酸盐—黄铁矿类和黄铁矿类。这3类包裹体的力学性质和破碎特点是不同的。碳酸盐类的包裹体分布最广，碳酸盐—黄铁矿类和黄铁矿类包裹体的强度特征分别是碳酸盐类的1.2 ~ 1.3倍和1.7 ~ 1.9倍。

当包裹体在切削横断面范围内发生破碎时，载荷并不增大。对多次刨削碳酸盐类包裹体的最大载荷，进行了定量评价。研究表明，在大块单元第一次分离时，刨削力和挤

压力将出现最大峰值X_{max}和Y_{max}。以后继续切过包裹体时，产生峰值X_i和Y_i将比X_{max}和Y_{max}要小一些。因此，力的平均峰值（在多次刨削包裹体的整个路径中）$\bar{X}_{max}$和$\bar{Y}_{max}$比最大峰值要小一些。

为计算刨刀强度，从峰值载荷对刨刀强度影响的观点出发，根据B. A. 坚尼钦柯的资料，应取最大峰值X_{max}作为原始载荷。确定锋利刨刀上峰值载荷的计算式见式（4–49）。

$$\begin{cases} X_{max} = X_{max\,o} k_{bx} k_{yx} k_{cx} \\ Y_{max} = Y_{max\,o} k_{by} k_{\phi y} k_{Ky} \\ \bar{X}_{max} = \bar{X}_{max\,o} k_{bx} k_{yx} k_{cx} k_{\phi x} \\ \bar{Y}_{max} = \bar{Y}_{max\,o} k_{by} k_{\phi y} k_{Ky} \end{cases} \tag{4–49}$$

式中，X_{max}，Y_{max}，$\bar{X}_{max}$，$\bar{Y}_{max}$分别是锋利刨刀上刨削力和挤压力的最大峰值载荷和平均峰值载荷；$X_{max\,o}$，$Y_{max\,o}$，$\bar{X}_{max\,o}$，$\bar{Y}_{max\,o}$分别是标准刨刀承受的刨削力和挤压力的最大峰值载荷和平均峰值载荷。

切削力平均峰值的变异系数$v_{\bar{X}}$，如式（4–50）。

$$v_{\bar{X}} = (5000/\bar{X}_{max}) + 0.15 \tag{4–50}$$

实际工作过程中所用刨刀和标准刨刀必定存在差异，因此需列出实验系数，对非标准刨刀所承受载荷进行修正。

4.3.1.1 刨刀宽度影响系数k_{bx}，k_{by}

考虑刨刀宽度对刨削力和挤压力等平均峰值的影响系数，如式（4–51）。

$$\begin{cases} k_{bx} = 0.5 + 0.25 b_p \\ k_{by} = 0.3 + 0.35 b_p \end{cases} \tag{4–51}$$

式中，b_p为刨刀切削部的计算宽度。

4.3.1.2 切削角影响系数k_{yx}

考虑刨削角对刨削力的峰值载荷和平均载荷的影响系数，如式（4–52）。

$$k_{yx} = \left[0.7\delta/(150-\delta)\right] + 0.65 \tag{4–52}$$

式中，δ为刨削角。

4.3.1.3 刨刀前刃面楔角影响系数$k_{\phi x}$，$k_{\phi y}$

考虑楔形前刃面对刨刀刨削力和挤压力等峰值和平均峰值的影响系数，如式（4–53）。

当$100° \leqslant \alpha_k \leqslant 180°$时，

$$\begin{cases} k_{\phi x} = \dfrac{0.58(\alpha_k - 100)}{\alpha_k - 65} + 0.6 \\ k_{\phi y} = 0.64 + 0.002\alpha_k \end{cases} \tag{4–53}$$

式中，α_k为刨刀前刃面楔角。

对具有椭圆形前刃面的刨刀，当α_k=150~160°时，可按式（4–53）计算系数$k_{\phi x}$和$k_{\phi y}$。

4.3.1.4 刨刀后刃面楔角影响系数k_{Ky}

考虑刨刀后刃面形状对挤压力Y_{max}和$\bar{Y}_{max}$影响系数为k_{Ky}。对具有矩形主刃的刨刀，取k_{Ky}=1；对具有椭圆形主刃的刨刀，取k_{Ky}=0.85~0.9；对三角形的主刃刨刀，取k_{Ky}=0.6~0.7。

4.3.1.5 切削形式影响系数k_{cx}

考虑切削形式的影响系数为k_{cx}，在棋盘式切削形式条件下，对X_{max}，取系数k_{cx}=1.2；对$\bar{X}_{max}$，取k_{cx}=1.1。在顺序式切削形式条件下，取k_{cx}=1。

4.3.2 刨刀载荷谱分析

刨刀与被破碎的煤岩相互作用过程中，刨刀上作用的载荷是其空间位移的随机函数。很多研究已证实：单个刨刀上的载荷具有随机性质，而这种随机性质首先取决于煤岩性质在空间的变化和切削过程的结构特点。B. B. 顿等研究刀具上的载荷谱表明，刀具上的载荷是切削路径的平稳随机函数，结论认为：

（1）刨刀上的刨削力和挤压力等瞬时值服从于Γ分布，分布密度为，

$$f(P)=\frac{\lambda^{\eta}}{\Gamma(\eta)}P^{\eta-1}\exp[-\lambda P] \tag{4-54}$$

式中，λ，η分别为比例参数和分布形式参数（$\lambda=\bar{P}/\sigma^2$，$\eta=\lambda\bar{P}$）；σ为标准差；$\bar{P}$为数学期望；$\Gamma(n)$为Γ函数。

侧向载荷差瞬时值分布服从正态分布规律。

（2）刨削力和挤压力等标准差σ是载荷数学期望$\bar{P}$的线性函数，即，

$$\sigma^2=(a+b\bar{P})^2 \tag{4-55}$$

式中，a和b为与破碎煤炭脆性程度有关的实验系数。

（3）载荷相关函数可以用指数分项与指数—余弦分项之和表示，如式（4-56）。

$$K(\tau)=D_1\mathrm{e}^{-\alpha_1\tau}+D_2\mathrm{e}^{-\alpha_2\tau}\cos\beta\tau \tag{4-56}$$

式中，D_1和D_2为相应的标准差；α_1和α_2为衰减参数；β为多数频率。

研究表明，切削煤炭或切穿硬包裹体时，作用力的分布函数可用Γ分布表述，其平均值和标准差分别为，

$$\begin{gathered}\bar{Z}=\int_{-\infty}^{\infty}Zf(Z)\mathrm{d}Z=p_1\bar{Z}_1+p_2\bar{Z}_2\\ D_Z=\int_{-\infty}^{\infty}(Z-\bar{Z})^2 f(Z)\mathrm{d}Z=p_1D_{Z_1}+p_2D_{Z_1}+\\ \bar{Z}_3^2p_2\times(p_0+p_1)+\bar{Z}_1^{\,2}p_1p_0-(2\bar{Z}_1\bar{Z}_2-\bar{Z}_1^{\,2})p_1p_2\end{gathered} \tag{4-57}$$

式中，p_0，p_1，p_2分别为煤块崩裂、切削煤岩和切削硬包裹体等区间出现的概率。

载荷的相关函数是由一些指数分项合成的。这些分项反映着切削过程的结构特点、硬包裹体的影响和出现煤块崩裂等现象。相关函数为，

$$K_2(\tau)=p_1 D_{Z_1}\exp(-\alpha_{p_1}\tau)+p_2 D_{Z_2}\exp(-\alpha_{p_2}\tau)+\bar{Z}_2^2 p_2(p_0+p_1)\times\exp[-\frac{n}{p_2(p_0+p_1)}\tau]+\bar{Z}_1^2 p_0 p_1\exp(-\frac{m}{p_0 p_1}\tau)-(2\bar{Z}_1\bar{Z}_2-\bar{Z}_1^2)\times p_1 p_2\exp[-\frac{n}{p_1 p_2(p_0+p_1)}-\tau] \tag{4-58}$$

式中，α_{p_1}和α_{p_2}分别为切削煤炭和多次切削包裹体区间内，相关函数的衰减参数；m和n分别为在切削单位路径内，煤块崩裂和多次包裹体区间的数目。

实验确定出的分布函数和切削过程的相关函数，与按式（4–56）和式（4–57）计算求得的结果拟合较好。可以确认，刨削力和挤压力之间相互的相关系数为$\gamma_{ZY}=0.67\sim0.85$。但是刨削力、挤压力与侧向力之间却不相关（$\gamma_{XZ}\approx\gamma_{XY}=0.078\sim0.271$）。

刨煤机刨刀刨削力和挤压力等分布函数的研究表明，切削没有包裹体的煤岩时，根据衰减程度，原来的Γ分布将变为正态分布。

刨刀上载荷不均衡性可由变异系数值来评价。变异系数是标准差与数学期望的比值，如式（4–59）。

$$v_{X(Y)}=\sigma/\bar{P}=b+(a/\bar{P}) \tag{4-59}$$

式（4–59）中的一些系数值与煤炭脆性程度和煤层中包裹体的含量有关。根据实验资料，刨刀上切削力变异系数值见表4–5。

表4–5 刨刀刨削力变异系数值

典型条件特征	系数
基本上没有包裹体，或有些小碎块包裹体，容积含量小于1%	1.5~0.6
有大块包裹体（100 ~ 1 000 cm²），容积含量1.0% ~ 2.5%	0.7~0.8
有大块包裹体（大于10 000 cm²），并有硬的岩石夹层，总容积含量≤8% ~ 10%	1.0~12.0

对脆性程度低的煤炭，可取系数v_Z的较小值。进刀力的变异系数v_Y=0.3 ~ 0.6。通常，对不含有包裹体的煤炭，计算刨煤机刨刀上的载荷谱时，推荐使用v_Z和v_Y，如表4–6。

表4–6 变异系数值v_Z和v_Y

系数	煤炭	抗切削强度/（$N\cdot mm^{-1}$）		
		80	16	240
v_Z	黏性	0.50	0.60	0.70
	脆性	0.75	0.85	0.95
v_Y	黏性	0.30	0.35	0.40
	脆性	0.40	0.50	0.60

4.3.3　刀形刨刀破煤的几何模型及理论分析

刀形刨刀破煤的几何模型如图4–21所示，刨刀前角为γ，后角α，刀尖角β，刨深为h。

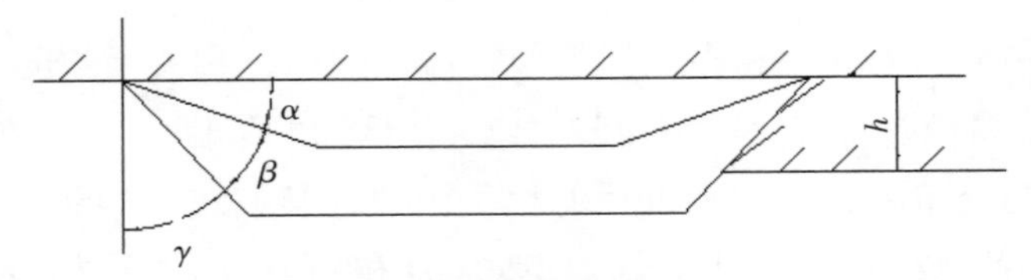

图4–21　刀形刨刀破煤的几何模型

刨头运行中，刨刀受力是多方面的，但影响刨刀刨煤效果的主要是3个方向的力：①沿工作面的刨削阻力。②垂直于煤壁的挤压力。③垂直于顶底板的侧向力。

计算刨刀在三维空间所受的力时，不但应考虑刨刀刨煤过程中的刨深、刨刀的具体尺寸、煤层性质以及刨刀磨损程度的影响，还应考虑刨头速度、刨刀安装角度、刨刀刀刃形状和刨刀的排列方式等因素的影响。

4.3.4　镐形刨刀破煤的几何模型及理论分析

随着对刨煤机破碎机理认识的深入，镐形刨刀越来越多地成为人们关注的对象。镐形刨刀受到煤层阻力时可以旋转，相对刀形刨刀磨损较小。因此，利用镐形刨刀进行刨削煤层已成为刨煤机设计中的一大亮点。尤其煤层比较脆时，利用镐形刨刀破落煤层效果更好。

镐形刨刀的破煤几何模型如图4–22，镐形刀锥角为2β，安装角为α，其刨深为h。

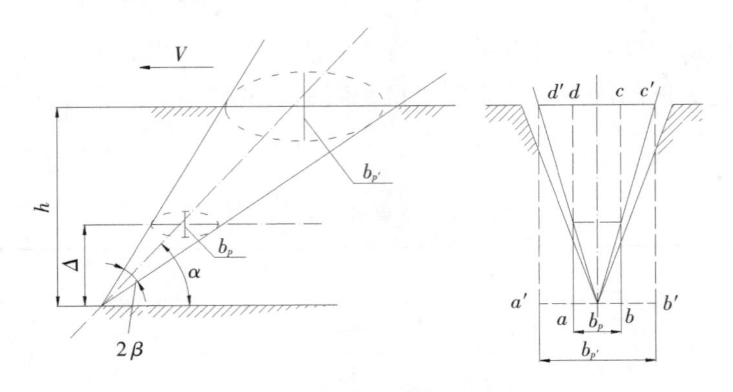

图4–22　镐形刨刀截煤几何模型

单个镐形刨刀在煤体表面进行刨削时，刨削力Z按式（4–60）计算：

$$Z=A\cdot h(0.3+0.35b_p) \tag{4-60}$$

式中，A为煤层抗截强度；h为刨削深度；b_p为镐形刀计算宽度。

限于篇幅，本书只对刀形刨刀加以研究。

4.4　小结

通过研究刨煤机刨削煤岩的破碎机理，分析影响刨削煤岩过程的主要因素，研究了刨刀主要几何参数和刨煤机工况参数等因素对破碎煤岩的影响。计算了在本次实验系统中的刨削力。分析了刨煤机工作过程中的峰值载荷及其影响因素，研究了刨刀载荷谱分布规律，为刨刀力学特性分析提供理论依据。

5　刨煤机刨刀刨削煤岩数值模拟研究

本章将通过数值模拟获得计算结果，分析对比模拟结果和实验结果的吻合程度，验证数值模拟的可靠性，并运用仿真技术进行应力处理观察刨刀的应力情况。

数值模拟对问题认识的深刻和细致性在某种意义上可以和理论、实验方法相提并论。其主要特点为：可以连续地、重复地、随时随地观察整个动态切削过程，并且能够了解材料细微变形过程中整体与局部的关系；可以清晰、直观地显示出通过实验很难观测到的工件材料内部的诸如应力应变场、温度场、位移场、速度与加速度场等的分布及变化情况的一些物理力学现象；而且还可以在一定程度上减少实验费用，对理论与实验研究的进展也有一定的促进作用。如果说，理论分析和科学实验是刨削机理分析领域的一次飞跃，数值模拟技术对刨削机理的研究将具有划时代意义。

5.1　数值模拟分析过程

目前应用于工程技术领域内的常用数值模拟方法包括有限单元法、边界元法、离散单元法和有限差分法。但其中有限单元法是在实用性及广泛性最为适用的。在模拟刨削过程中的有限单元法就是将刀具和煤岩离散为有限个单元，并用力与位移关系的特征矩阵对其所属单元进行赋值，称为刚度矩阵，然后将各个单元刚度矩阵组合成一个全局矩阵组，再用它来对位移量进行求解，采用ANSYS/LS-DYNA对刨刀刨削煤岩进行可视化模拟。

采用Inventor完成刨刀刨削煤岩的实体模型建立，应用Inventor软件与ANSYS的接口将实体模型导入ANSYS中，进行前处理。具体过程如图5-1。首先选取合适单元

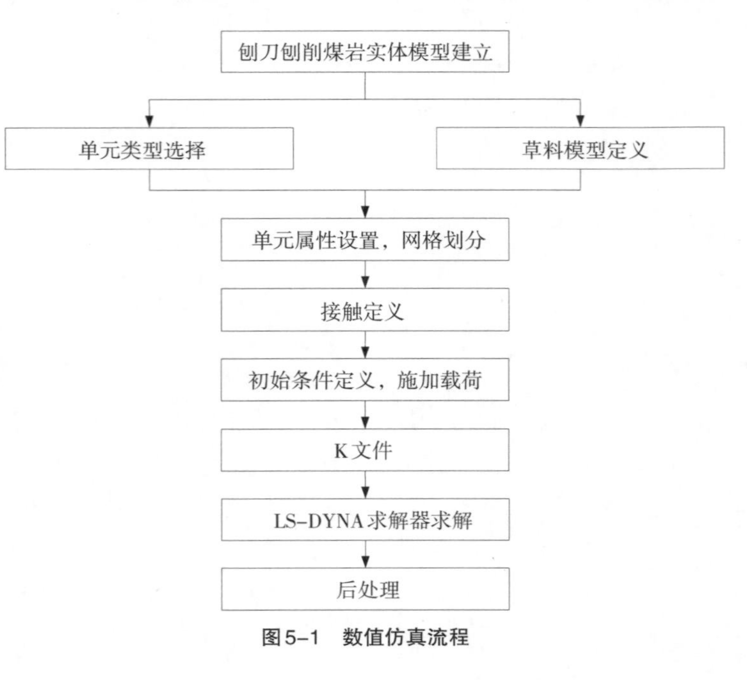

图5-1　数值仿真流程

类型以及材料模型，分别定义煤岩、刨刀刨头等，通过网格划分工具实行划分，并加载载荷设置约束，由ANSYS生成K文件，在LS-DYNA求解器中求解，并通过后处理获得所需数据。

由于针对煤炭开采这一特殊领域，ANSYS/LS-DYNA中没有能准确描述煤岩本构关系的材料模型，因此，针对实验室内的假煤壁建立弹塑脆性本构关系，通过ANSYS的二次开发和接口文件调用子程序，定义适用的材料模型。

5.2　煤岩破坏本构模型建立

本构模型就是指材料的应力与应变关系。对于不同的物质，在不同的变形条件下会有不同的本构模型。对于煤岩材料的环境复杂、结构多变等特点，煤岩材料性质、本构关系和其破坏准则存在极大差异。随着煤矿机械化程度的越来越高，综采推进速度不断加快，综采高度不断提高，综采强度不断增强，对煤岩体扰动程度越来越严重，采用传统本构模型无法较好模拟刨削或采煤过程中的实际情况。在进行实验所制造的假煤壁的材料特性会与已有的本构产生差异，本章通过观察刨削实验过程中煤岩破坏历程，建立一个具有弹塑脆损伤本构模型。

5.2.1　煤岩本构关系分析

煤岩的应力—应变曲线试验表明，开始加载时，煤岩内部原有微缺陷呈现稳定发展趋势，对应的应力增加缓慢，应力—应变关系为线性关系，若在这期间出现卸载情况，材料内部变形会按照原来的路线恢复原状；应力一旦超出线性的极值应力后，应变速率逐渐增大，煤岩内部逐渐发生微结构效应，宏观上就会呈现塑性效应，如微裂间隙的摩擦滑动，宏观上表现为变形的不可逆性，也就是岩石的塑性屈服；之后，煤岩再次增强抵抗变形能力，材料内部应力增加，内应变也同时增加，一旦撤出载荷，应力、应变会随时间慢慢恢复原态，但卸载路径与原路径相比呈现一种迟缓状态，即有弹性后效现象；达到应力峰值以后，微破裂加剧，应力降低，应变迅速增加，宏观上表现为脆性断裂，最后转变为塑性流变。因此，在煤岩受刨削力作用至破坏裂解过程中，经历了短暂的线弹性变形、蠕变、塑性屈服、硬化和脆性崩裂。

现有的损伤本构模型多是基于“等效应变”假设而建立的，它们只能描述材料脆性发生和断裂的损伤情况，而忽略了材料塑性损伤的影响。而实际情况下，采煤工作中，必然引起采掘区围岩的卸载和二次应力场的快速改变，考虑到煤岩在这种情况下的卸载和反复荷载而产生的不可恢复变形，必须发展相应的煤岩塑性损伤本构。

5.2.2　煤岩体弹脆塑性损伤本构模型描述

在传统研究机械破煤方法中，通常采用理想弹脆塑性本构模型作为分析模型使用，如图5-2。煤岩应力—应变曲线可简化成3个阶段：分别是理想弹性阶段OA，脆性跌落阶段AB、残余塑性阶段BC，该模型即为理想的脆塑性模型。当煤岩所承受载荷由初始线弹性阶段升到线性极限值，即图中点A时，就将满足屈服条件，此时将会发生应力损失现象并且迅速跌落到残余应力水平线上，见图点B的情况。此后若继续对煤岩介质加载载荷，介质应力将保持残余应力水平不变，宏观的煤岩体将会岩剪切面产生塑性的流动至破坏，即BC段。

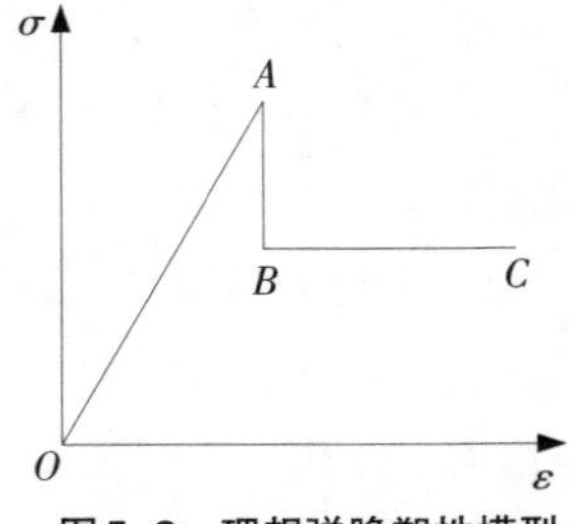

图5-2 理想弹脆塑性模型

在传统理想弹脆塑性模型中，将应力峰值尖锐化，忽略了材料屈服后至峰值这段应力应变曲线，这显然是不符合煤岩体微观演化规律，对于建立在等效塑性应变之上的损伤劣化模型来说将会直接影响其计算精度。因此，修改理想弹脆塑性模型，完善相应的煤岩塑性损伤本构，根据5.2.1节的描述，整个模型可以分为7个阶段，分别为受拉线弹性阶段、受拉屈服、受拉断裂以及受压线弹性、受压屈服、受压硬化、受压破碎7个阶段，本章将根据每个阶段的特征分别采用不同常用岩土组合模型来模拟，以压为正以拉为负，建立本构关系。

一般化的形式可写成

$$f(S,\dot{S},\ddot{S},\cdots,\ E,\dot{E},\ddot{E},\cdots,\ t)=0$$
$$f(\sigma_{ij},\dot{\sigma}_{ij},\ddot{\sigma}_{ij},\cdots,\ \varepsilon_{ij},\dot{\varepsilon}_{ij},\ddot{\varepsilon}_{ij},\cdots,\ t)=0 \tag{5-1}$$

对于一般材料性质而言，应力张量与应变张量并不直接发生关系；而是应力的球形张量对应变球形张量有关，应力的偏张量对应变偏张量有关，在此关系中还可能存在包含它们对时间t的各阶导数。因而，其本构方程可用式（5-2）表示，

$$\begin{cases}F(S',\dot{S}',\ddot{S}',\cdots,E',\widehat{E'},\widehat{E'},\cdots,t)=0\\ \psi(S',\dot{S}',\ddot{S}',\cdots,E',\widehat{E'},\widehat{E'},\cdots,t)=0\end{cases} \tag{5-2}$$

考虑煤岩的瞬时弹性变形，模型中应有H元件；为了描述塑性屈服和黏性蠕变，模型中还应具有塑性元件$st \cdot v$和黏性元件N。其基本结构如图5-3。

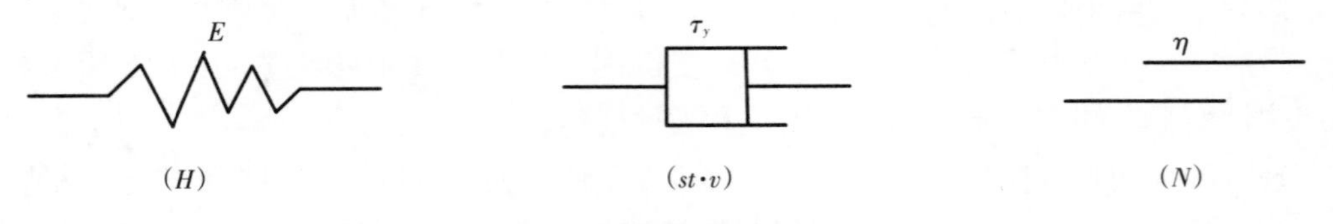

图5-3 3个基本本构模型

5.2.2.1 受压线弹性阶段

根据一般煤岩材料的全应力—应变曲线得，煤岩材料在加载之初时，煤岩材料内部微结构裂隙呈现线弹性裂隙稳定发展，此时，对应于宏观上的弹性变形阶段，可以用弹性元件H来描述，此时本构方程为，

$$\sigma=E\varepsilon \tag{5-3}$$

式中，E为材料的弹性模量。

在弹性阶段，卸载后，应力应变将按照曲线原路返回，再加载时也将沿曲线变化。

5.2.2.2　受拉屈服

随应力的不断增加，当超过应力极限时，煤岩材料微裂纹开始向非稳定方向扩展，宏观上表现为材料的塑性屈服，用$st\cdot v$元件描述，在煤岩力学实验结果中，发现这一阶段出现较明显的蠕变现象。因此，这里采用黏滞性模型（N）与塑性模型（$st\cdot v$）并联，其结构如图5–4。

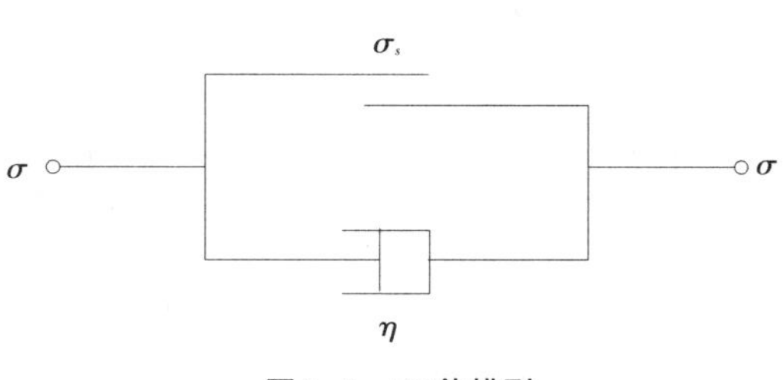

图5–4　VP体模型

由图5–4可获得，总塑性应变ε等于塑性应变ε_s也等于黏滞性变形ε_N，而总应力σ等于塑性应力σ_S和黏滞性应力σ_N之和。

$$\varepsilon=\varepsilon_s=\varepsilon_N;\quad \sigma=\sigma_s+\sigma_N \tag{5–4}$$

其中，

$$\sigma_N=\eta\dot{\varepsilon}_N \tag{5–5}$$

式中，$\dot{\varepsilon}_N$为黏滞性变形ε_N的时间一阶导数；η为黏滞性系数。

由于，

$$\begin{cases}\varepsilon_N=\varepsilon_S=0 & \sigma<\sigma_S\\ \varepsilon_N=\varepsilon_S\neq 0 & \sigma=\sigma_S\end{cases} \tag{5–6}$$

所以，可解屈服阶段的本构方程为，

$$\begin{cases}\varepsilon=0 & \sigma<\sigma_s\\ \sigma=\sigma_s+\eta\dot{\varepsilon}_N & \sigma=\sigma_s\end{cases} \tag{5–7}$$

应力应变关系曲线如图5–5，应力不变，应变迅速增加。

5.2.2.3　受压硬化

经过屈服阶段之后，煤岩材料又增强了抵抗变形的能力。这时，要使材料继续变形，需要增加应力，这一阶段，定义为煤岩材料的硬化阶段。在硬化阶段应力增加存在时间上延迟，即呈现为黏弹性，因此采用黏弹性固体模型描述受压硬化阶段的煤岩本构关系，如图5–6。

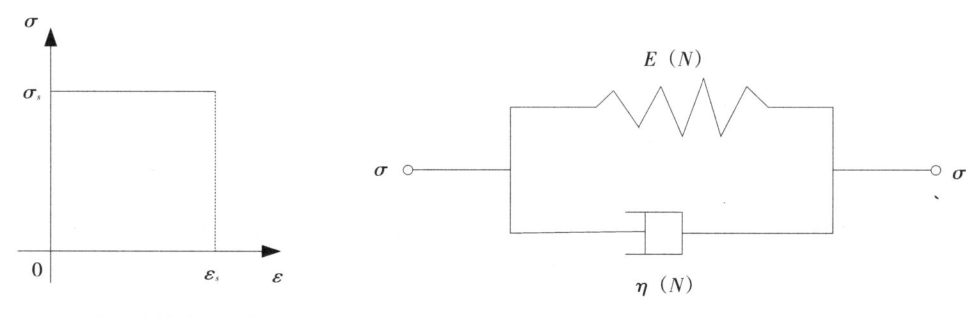

图5–5　屈服阶段应力—应变关系

图5–6　黏弹性固体模型

由黏弹体系统可得应变关系式，

$$\varepsilon=\varepsilon_H=\varepsilon_N \tag{5-8}$$

式中，ε为黏弹性系统总应变；ε_H为弹性应变；ε_N为黏滞性应变。

黏弹体系统应力关系式，

$$\sigma=\sigma_H+\sigma_N \tag{5-9}$$

式中，σ为黏弹性系统总应力；σ_H为弹性应力；σ_N为黏滞性应力。

由于，

$$\begin{cases}\sigma_H=E\varepsilon_H\\ \sigma_N=\eta\dot{\varepsilon}_N\end{cases} \tag{5-10}$$

式中，E为弹性模量；η为黏滞性系数；$\dot{\varepsilon}_N$为黏滞性变形ε_N的时间一阶导数。

将式（5–10）和式（5–8）代入式（5–9），可获得黏弹性系统应力—应变关系：

$$\sigma=E\varepsilon+\eta\dot{\varepsilon} \tag{5-11}$$

求曲线的正切模量

$$\frac{\mathrm{d}\sigma}{\mathrm{d}\varepsilon}=\frac{\mathrm{d}(E\varepsilon+\eta\dot{\varepsilon})}{\mathrm{d}\varepsilon}=E \tag{5-12}$$

所以，受压硬化阶段的应力—应变关系曲线如图5–7。

当达到应力峰值σ_b时，应力迅速跌落，材料塑性流变直至断裂脱离母体煤岩。此时，材料应力保持跌落后的残余应力σ_r不变。

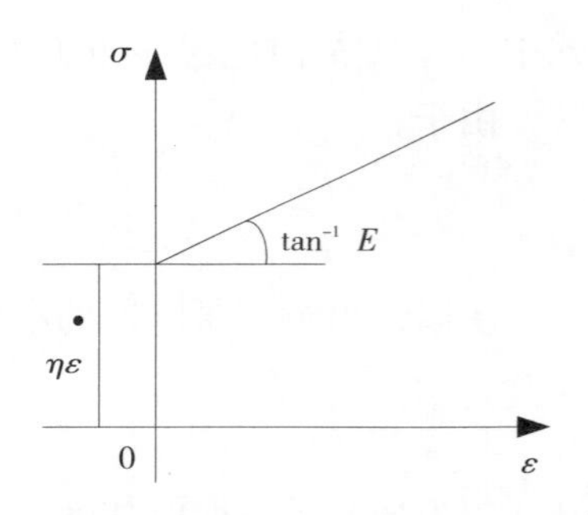

图5–7　硬化阶段应力—应变关系

受拉时出现的线弹性阶段曲线斜率与受压线弹性阶段一致，即弹性模量相同，可以通过判断σ的正负来确定材料处于受压还是受拉状态。材料屈服后将呈现应变硬化现象，针对实验所制作的假煤壁，可以采用线性强化模型对其进行简化模拟。其本构方程与受压硬化阶段类似，即用式（5–9）描述，弹性模型量和黏滞性系数可以通过实验获得。

因此，按照发生顺序，以受拉为负受压为正建立本构关系如图5–8，图中OA段为单元受压的线弹性阶段；AB段为屈服后的延伸；BC段为屈服后的硬化阶段；CD段为材料失效时的应力跌落；DE段为材料剪切失效后的塑性流变阶段，即残余屈服面；OF段为受拉线弹性阶段；FG段受拉屈服后的硬化阶段；GH段为拉伸失效的应力跌落；HK为拉伸失效后的阶段，无残余强度；ε_p为残余应变，ε_s受压初始屈服的单轴等效应力，ε_b为受压失效时的极限应变S_b为（剪切）拉伸破坏的阀值，σ_s为初始屈服的单轴等效应力，σ_b为剪切失效时单轴等效应力，σ_r为材料失效后的残余等效应力，E_b为受拉失效时的极限应变，S_s为受拉初始屈服的单轴等效应力。

分别用下角标1，2，3，4和1–，2–，3–定义OA，AB，BC，DE和OF，FG，HK段的应力应变以及特征值等，如AB段某点的应力和应变值分别为σ_1和ε_1。分别代入式（5–3）、式（5–7）和（5–11）中，即代入每个阶段的本构方程中，可得

$$\sigma>0\text{时},\begin{cases}\sigma_1=E_1\varepsilon_1\\ \sigma_2=\sigma_s+\eta_2\dot{\varepsilon}_2\\ \sigma_3=E_3\varepsilon_3+\eta_3\dot{\varepsilon}_3\\ \sigma_4=\sigma_r\end{cases}\text{和}\sigma<0\text{时},\begin{cases}\sigma_{1-}=E_{1-}\varepsilon_{1-}\\ \sigma_{2-}=E_{2-}\varepsilon_{2-}+\eta_{2-}\dot{\varepsilon}_{2-}\\ \sigma_{3-}=S_r\end{cases} \tag{5-13}$$

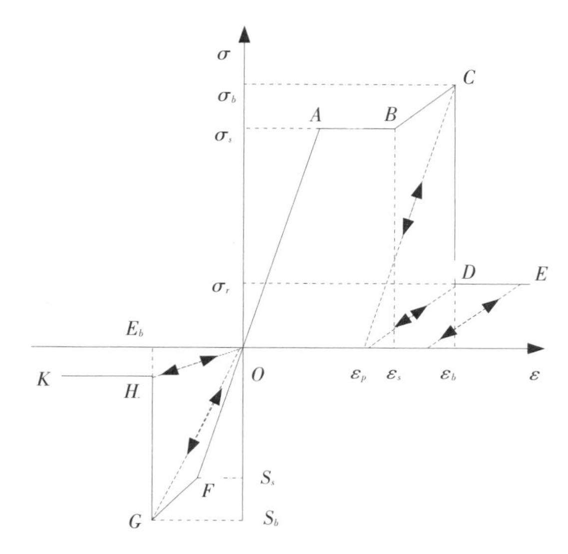

图5-8　弹塑脆本构模型

5.2.3　弹塑脆性失效判断准则

由曲线图5-8可知，煤岩材料在OA段为线弹性变形，微观裂隙扩展稳定，并且可恢复；当扩展至A点时，裂纹扩展速率加快，表现为宏观的屈服，屈服值为峰值2/3。随后，出现宏观的滑移，此时的应力与滑移速率有关；对于建立在等效塑性应变之上的损伤劣化模型，屈服后到峰值这段应力可简化为应变硬化，采用线性强化模型。现已有的材料失效准则，如M-C准则和D-P准则等，在处理煤岩这种压硬性材料上得到较好的应用，即，

$$F(\sigma,\bar{\varepsilon}^P,k)=0 \tag{5-14}$$

式中，σ为计算当前应力；$\bar{\varepsilon}^P$为等效塑性应变；k为硬化系数。

材料的变形过程中，当满足应力达到屈服应力σ_s时，屈服发生，即，

$$\left|\sigma_3^{el}\right|>\sigma_s \tag{5-15}$$

式中，σ_3^{el}为材料单元的最大应力张量；σ_s为材料屈服强度。

压缩变形过程存在一小段材料单元的位移，此时应力变化微小，近似为平行与应变轴的直线，即图5-8中AB段。此段以屈服应力σ_s为判断开始，以等效屈服应变ε_s为标志结束，即，

$$\left|\bar{\varepsilon}^P\right|>\varepsilon_s \tag{5-16}$$

当满足上式时，材料进入硬化阶段。

设定材料的破坏失效为脆性破坏，即应力满足最大拉应力准则式（5–15）后材料失效。

$$\left|\sigma_3^{el}\right| > \sigma_b \tag{5–17}$$

式中，σ_3^{el}为材料单元的最大应力张量；σ_b为材料极限强度。

从另一个角度考虑，材料在屈服后，应力应变关系存在非对应性，尤其在应力跌落阶段，都出现应力损失，若只依靠应力来判断当区域是处于应力跌落还是卸载阶段不可行的，作为内变量的塑性应变，可以通过它的变化途径判断加载路径和识别加载历史，因此煤岩材料屈服后的破坏准则应基于应变空间下建立。等效塑性应变为，

$$\bar{\varepsilon}^P = \int \sqrt{\frac{2}{3}(\varepsilon_1^P \varepsilon_1^P + \varepsilon_2^P \varepsilon_2^P + \varepsilon_3^P \varepsilon_3^P)} \tag{5–18}$$

式中，ε_i^P为3个方向塑性应变。

破坏失效准则为

$$\bar{\varepsilon}^P > \varepsilon_b \tag{5–19}$$

式中，ε_b为硬化后失效状态时发生的塑性变形，ε_b越小材料就越接近脆性破坏。

式（5–13）可以改变为，

$$\begin{cases}\sigma > 0 \\ \varepsilon > 0\end{cases}\text{时，}\begin{cases}\sigma = E_1\varepsilon & (0<\sigma<\sigma_s\,,0<\varepsilon<\varepsilon_p) \\ \sigma = \sigma_s + \eta_2\dot{\varepsilon} & (\varepsilon_p<\varepsilon<\varepsilon_s) \\ \sigma = E_3(\varepsilon-\varepsilon_s)+\eta_3\dot{\varepsilon} & (\sigma<\sigma_b\,,\varepsilon_s<\varepsilon<\varepsilon_b) \\ \sigma = \sigma_r & (\varepsilon>\varepsilon_b)\end{cases} \tag{5–20}$$

$$\begin{cases}\sigma < 0 \\ \varepsilon < 0\end{cases}\text{时，}\begin{cases}\sigma = E\varepsilon & (S_s<\sigma<0\,,E_s<\varepsilon<0) \\ \sigma = E_{2\_}(\varepsilon-E_s)+\eta_{2\_}\dot{\varepsilon} & (S_b<S<S_s\,,E_b<\varepsilon<E_s) \\ \sigma = S_r & (\varepsilon<E_b)\end{cases} \tag{5–21}$$

5.2.4 弹塑脆性本构数值实现

本构模型在计算机中依靠不断更新划分网格单元的材料参数数据实现，采用ANSYS APDL对本章建立的弹塑脆性本构编程模拟分析，其计算过程主要通过如下方式实现：取初始材料参数，施加第一步载荷，计算并读取单元应力应变，根据当前应力应变调用模型中材料参数代替原始参数；施加第二步载荷，计算并读取应力增量，根据当前应力应变调用模型计算新的材料参数，以此类推。

5.2.4.1 单元本构数值实现

针对每个单元建立弹塑脆性本构模型应存在如下准则。

（1）应力预测。在单元中k次迭代计算后预测的应力结果为，

$$\sigma^k = \sigma^{k-1} + \tilde{E}\Delta\varepsilon_k^k \tag{5–22}$$

式中，σ^{k-1}为第（$k-1$）次迭代计算的应力；$\Delta\varepsilon_k^k$为本次迭代计算的应变增量；$\tilde{E}$为当前状态弹性模量。

（2）屈服及硬化应力解析。在数值计算中，为了求解方便，程序把用户选用的屈服

函数等效成单向屈服应力，并且对塑性应变的变化进行跟踪对比分析，继而求得后继屈服面。

$$\sigma_Y^k = \sigma_Y^0 + \tilde{H}\left[\bar{\varepsilon}^{P(k-1)} - \bar{\varepsilon}_s^P\right] \tag{5-23}$$

式中，σ_Y^k为k次迭代时的屈服面；σ_Y^0为初始屈服面；$\bar{\varepsilon}^{P(k-1)}$为第$k-1$次迭代计算后的塑性应变；$\tilde{H}$为屈服后线性硬化阶段的硬化参数，若$\tilde{H}=0$，则退化为理想弹塑性状态。

由于计算机在进行迭代计算时，误差也被迭代计算，应及时修正，最常用的方法为自增量返回法，即，

$$\frac{{}^*\sigma^k}{\sigma^k} = \frac{\sigma_Y^k}{\tilde{\sigma}^k} = \frac{\sigma_Y^0 + \tilde{H}\left[\bar{\varepsilon}^{P(k-1)} - \bar{\varepsilon}_s^P\right]}{\tilde{\sigma}^k} \tag{5-24}$$

式中，$\tilde{\sigma}^k$为对应σ^k的等效应力；σ^k为修正前第k次迭代计算中应力值；${}^*\sigma^k$为更新后的k次迭代计算最终的应力值。

（3）塑脆性应力跌落。单元失效，煤岩脆性跌落，应力由峰值屈服面径向跌落至残余屈服面上，在脆性跌落过程中总应变保持不变，跌落后应力残余流动初始值为，

$$\sigma^k = \beta\sigma_s + \sigma_m \tag{5-25}$$

式中，β为脆性跌落衰减比率；σ_m为平均应力。

当应力点完成了从初始屈服面向残余屈服面的跌落之后，将在塑性不平衡力的作用下，继续在残余屈服面上做塑性流动一段。而单元应力降低现象同样会发生在卸载过程中，因此，不能简单地根据应力空间的加卸载准则区分是单元失效还是单元卸载过程，基于5.2.3节的应变空间准则，建立一种基于应变空间与应力空间共同作用的加卸载判断准则，即判断${}^*\sigma^k < {}^*\sigma^{k-1}$时，是否$\bar{\varepsilon}^{Pk} > \varepsilon_b$，若$\bar{\varepsilon}^{Pk} > \varepsilon_b$，则为应力脆性跌落，返回式（5-25）计算；若$\bar{\varepsilon}^{Pk} < \varepsilon_b$则为卸载过程，返回式（5-22）计算并不断更新材料数据。

5.2.4.2 材料非匀质性特性数值实现

对于岩石类材料，因为需要考虑材料的非匀质性各向异性和多裂隙性，所以要采用统计方法来描述它们，材料各参数的概率密度函数可以写成如下形式的韦伯分布，即

$$P(\sigma_i) = c_i m_i \left(\frac{\sigma_i}{\sigma_{i0}}\right)^{m_i - 1} \exp\left[-\left(\frac{\sigma_i}{\sigma_{i0}}\right)\right]^{m_i} \quad (i=1，2，\cdots，9；i \neq 3) \tag{5-26}$$

式中，c_i为统计函数的标准化常数；m_i为统计函数的形态参数，在此表征为材料非均匀性；i为材料参数号，见表5-1；σ_{i0}为此材料参数的统计平均值；σ_i为对应i的材料参数。

表5-1 不同材料参数的编号和代表符号

序号i	代表符号	材料性质
1	E	弹性模量
2	μ	泊松比
3	t	熔点
4	ρ	密度
5	σ_y/C	热膨胀系数

续表

序号i	代表符号	材料性质
6	$\tilde{H}$	硬化参数
7	σ_b	抗压强度极限
8	S_t	抗拉强度
9	φ	内摩擦角

当材料参数号取1时，函数即是对材料的弹性模量E的概率密度的等式描述，这时弹性模量E就可以用σ_i来代替；当材料参数号取7时，函数即是对材料的抗压强度极限σ_b的等式描述。

不均匀应力场、煤岩粗糙的表面和内部初始裂纹、局部的应力集中以及单元强度离散性致使微裂隙不断产生。在计算机运算时，需要将材料参数值随机赋予材料单元，随机赋值过程就是确定一组材料单元，并把随机材料参数赋值给所研究单元。

通过ANSYS APDL二次开发功能编写材料特性宏文件，在宏文件编写时，材料参数值服从式（5–26）分布，便于LS–DYNA调用时满足材料的随机性和非均匀性特点。

本构模型是反映材料变形的应变张量与应力张量关系的数学模型，是材料的内在属性，因此，不会因为破煤方式的不同而改变，但是煤岩材料会因为地质条件、环境因素的不同而发生变化。实验中的本构模型是基于本次实验的煤岩性质建立的。因此，在构建不同地质条件下的煤岩本构模型时，可采用塑性元件$st \cdot v$，弹性元件H、黏性元件N等元件以及各基本元件的组合来描述不同变形阶段，从而可获得所需本构模型的数学表达式，而煤岩的变形过程可以通过实验确定。

5.2.5 验证实验

5.2.5.1 实验准备

为验证弹塑脆本构模型是否能准确描述煤岩材料性质，进行单轴压缩实验，对比实验结果与模型所描述的宏观表征。实验系统简图如图5–9，模拟煤岩试样的下端固定，上端采用竖向单轴压力加载。

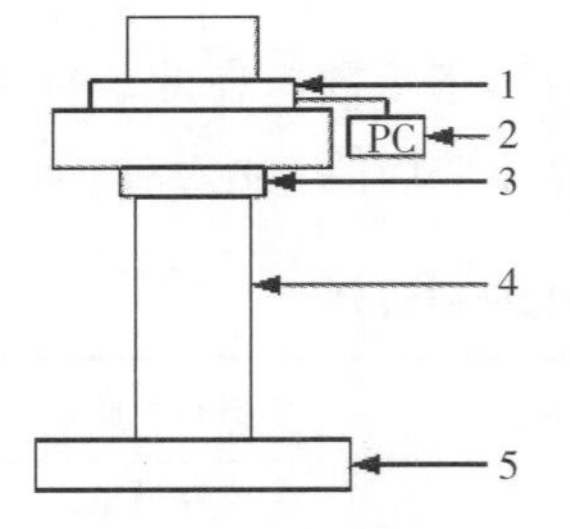

1. 压力传感器 2. 计算机 3. 上压头 4. 试样 5. 下夹头

图5–9 煤岩试样受单轴压力载荷

图5–10 煤岩试样

模拟煤岩试样的材料配比与煤岩硬度F=0.4假煤壁的材料配比一致。煤岩试样为直径为120 mm、高为260 mm的圆柱状，制造的煤岩试样如图5-10。采用液压式压力试验机对试样进行单轴压缩，液压式压力试验机如图5-11。试验加载方式采用逐步加载，每步加载压力60 N，由于加载缓慢，基本避免了加载过程中试样发生坍塌崩落等剧烈破坏而导致无法观测到试样最终破坏形态，采用数码相机拍摄试样起裂、裂纹扩展直至失效破坏的图片。

图5-11 液压式压力试验机

5.2.5.2 试样破坏过程分析

图5-12列出试样在单轴压力作用下的3个变化阶段临界状态。从图5-12a是处于0~8 kN内的试样状态，随压力机压力增加，试样轴向尺寸缩小，但表面没有明显变化；当接近8 kN时，试样表面出现滑移线，压力增加至8.2 kN左右滑移线已经贯通整个试样，如图5-12b，滑移线与试样轴线夹角约30°；继续加压，在10 kN之内，滑移状态没有明显扩展；当到达10.2 kN时，出现裂纹并迅速扩展直至破坏，破坏前的试样形态如图5-12c，破坏时所加载的单向轴压大约在10.5 kN。

a. 初始加压阶段

b. 滑移扩展阶段

c. 试样破坏阶段

图5-12 煤样破坏状态

在单轴压力压缩下，试样在宏观上破坏过程可以分为4个阶段：弹性形变阶段，压力为0～8 kN，对应弹塑脆本构模型的*OA*段，如图5-8；塑性屈服阶段，为8～8.2 kN，出现滑移现象，压力施加变化不大，但形变急剧增加，对应弹塑脆本构模型的*AB*段，如图5-8；硬化阶段，8.2～10.5 kN，出现裂纹并迅速发展至断裂，对应图5-8弹塑脆本构模型的*BC*段；脆性断裂后流变阶段，断裂后试样上半部分在沿着滑移线所形成的断面上滑动一段，直至脱落，这阶段压力传感器反馈信号为不到0.5 kN。这与前文所做分析都是一致，说明该本构模型能够准确描述煤岩破坏过程。

图5-12还可以看出，当出现滑移线后，其他位置没有滑移现象，试样的破坏是沿着初始出现的滑移进行的，显著的应力集中区在其尖端，新的集中区又会产生新的破坏区，同时应力集中区也随之转移，但一直出现在裂纹的尖端。

针对实验测试所用假煤壁的特性，修正已有的本构关系，建立了适用于本次实验的煤岩损伤本构模型。采用ANSYS APDL编写本构宏文件，在LS-DYNA仿真过程中，命令调用本构宏文件保证仿真更为接近实验结果。

5.3　刨刀刨削煤岩有限元模型建立

模型的材料特性是有限元模拟计算的核心，对整体仿真结果的正确性和精确性起至关重要的作用。刨刀碰撞煤岩过程中，通过煤岩的塑性变形来吸收主要的动能，整个刨头相对于实验室的假煤壁有较高的硬度、刚度，整个模拟仿真时间较短，故将刨头视为刚体，选用刚体模型：MAT_020（MAT_RIGID）。刚硬部分采用刚性体有限元模型中，该模型可以大大减少显示计算求解时间。实验室的假煤壁材料从性能上看属于弹塑脆性材料，但煤岩具有一定的延展性和塑性，在模拟仿真过程中，煤岩存在脆性崩落的过程，由于ANSYS材料库中不存在满足特殊情况的材料本构关系。因此，在5.2节针对本次实验所制作的假煤壁构建了适用于弹塑脆性本构模型。

ANSYS具有强大的功能，为高级用户提供了强大的二次开发工具APDL，采用ANSYS的编程语言，将5.2节所介绍的本构编写成计算机语言，在编程实现本构模型过程中，需要各单元号逐一将材料参数赋值，需要重复执行某一部分，利用*CREATE命令创建本构模型的宏文件，在进行LS-DYNA分析时，利用*USE命令调用宏文件，并向宏文件传递参数，不断更新每个单元的材料参数。采用关键字 * MAT_ADD_EROSION 来定义材料失效（表5-2）。

表5-2　仿真基本参数

部位	材料名称	弹性模量/MPa	抗压强度/MPa	密度/（t·mm^{-3}）	泊松比
刀体	40Cr	2.1×10^{5}	980	8.3×10^{-9}	0.25
刀头	YG8	6.1×10^{5}	1 890	14.5×10^{-9}	0.30
煤壁	—	5 240	45	1.35×10^{-9}	0.30
焊缝	焊料	3.78×10^{5}	330	1.3×10^{-9}	0.28

5.3.1 单元属性

ANSYS/LS-DYNA的单元库丰富，对材料失效等高度非线性和各种大变形问题具有很好的模拟。刨头、刨刀以及煤壁均为三维显式实体，所以选用SOLID164单元，是一种8节点实体单元。

5.3.2 网格控制

在有限元分析过程中，增加网格数量，减小单元的边界长度，能够加大模型的计算精度，但如果网格划分过细，运算量会显著增加，对计算机要求高，计算时间长。为保证计算精度和准确度，同时满足计算时间和计算运算量的要求，通过对两个因数的权衡来确定网格数量，该因素考虑实际情况确定。ANSYS网格划分功能非常强大，可以进行网格划分控制（如尺寸控制、局部细化等），决定网格数量时应考虑分析数据类型。通过智能网格划分工具控制刨头、刨刀以及煤壁的总体尺寸，再局部细化合金刀头等关键部位，采用自由网格以便于适应刨刀和煤壁的复杂几何形状。

5.3.3 接触定义

完成网格划分之后，根据实际工作情况，定义接触。刨煤机刨刀刨削煤岩的过程实质就是刨刀破损煤岩的过程，在模拟仿真里属于碰撞、冲击和侵彻问题的研究范畴，这里将刨刀与煤岩的接触定义为面—面侵蚀接触。

对于初始渗透与边对边的渗透的影响，接触厚度应尽量接近实际的外壳厚度，用充分的网格密度来防止初始渗透和解决接触的压力分步。接触类型定义为面与面的接触，并且选用自动接触类即ASTS*CONTACT_ERODING_SURFACE_TO_SURFACE。

5.3.4 初始条件和载荷施加

在模拟刨刀在刀体上的固定情况时将刨刀固定处的5个自由度都进行了约束。刨头视为刚体，只沿X轴方向运动，速度为刨速。煤壁的周围与其他煤岩相连，设置其四周为固定约束。刨头在运行过程中，只沿着一个方向运动，需要对刚体的质量中心有限制，在MAT_RIGID卡片下设置COM为1（限制相对于总体坐标系），CON1为5（限制刨头Y和Z向的位移），CON2为7（限制刨头X，Y，Z向的旋转自由度）。

5.4 刨刀刨削煤岩力学特性数值模拟研究

为便于观察刨刀受力情况，用关键字MAT_020（MAT_RIGID）将刨刀定义为刚体，单个刨刀有限元图见图5-13。运用Ls-Prepost后处理器进行力、应力等各种输出与曲线的显示，可以获得整个模型中任意特定时刻的计算结果，也可得到不同时刻的受力动画结果。

仿真过程的各种参数选取与第六实验相对应，即采用不同刨刀各角度、宽度、刨削速度或刨削深度等时刨刀的受力。

图5-13　单个刨刀有限元图

5.4.1　刨煤机工况参数对刨刀力学特性影响的模拟研究

5.4.1.1　不同刨削速度工况

刨刀尺寸及其他条件不变，设定刨削深度为25 mm，刨削速度V=1.17 m/s时的载荷时间历程曲线，如图5-14和图5-15。

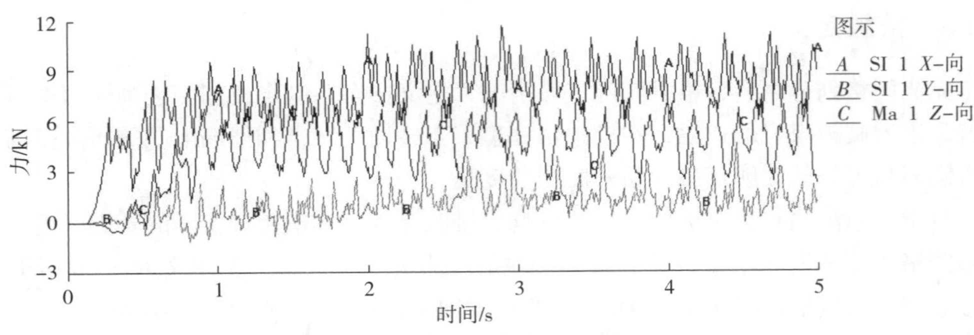

图5-14　V = 1.17 m/s时三向力载荷历程

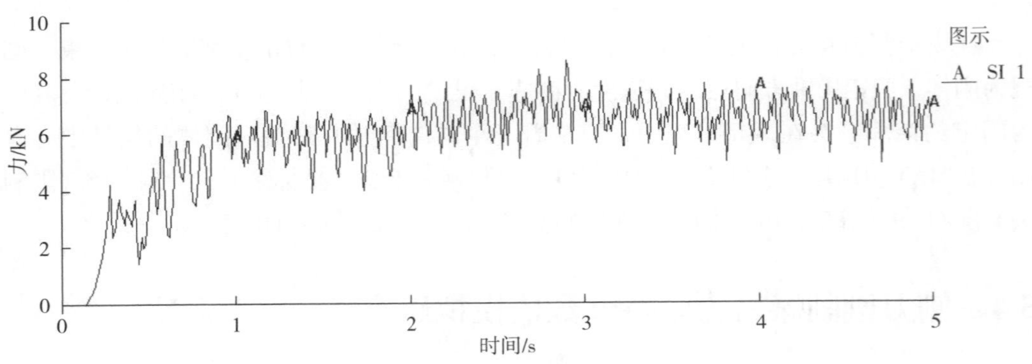

图5-15　V = 1.17 m/s时合力载荷历程

图中X轴向力即刨削阻力，现将刨削速度V分别为0.34 m/s，0.6 m/s和1.17 m/s时的仿真结果的载荷数据提取，通过MATLAB图像处理功能处理成同一个坐标系下的曲线，如图5-16。

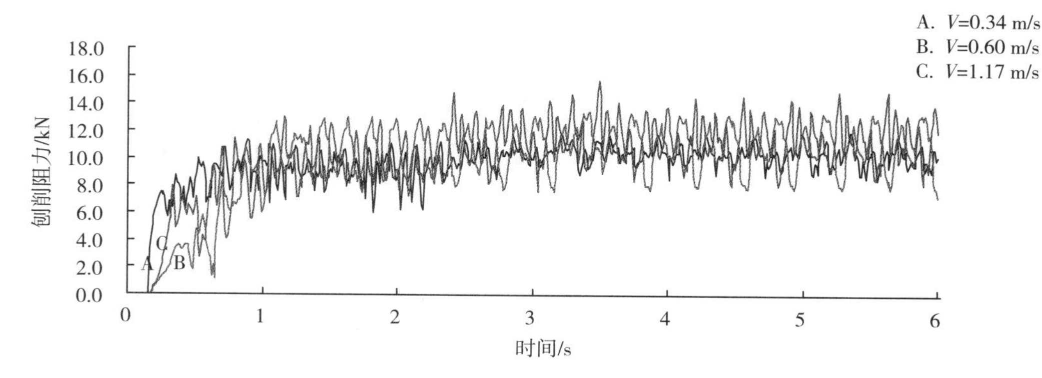

图5-16　刨削阻力与速度关系

从图5-14~图5-16中可以看出，刨刀工作过程中三向力的变化规律：即刨削阻力最大，煤层挤压力最小，煤层侧向力的大小介于二者之间，并且挤压力和侧向力都随着刨削阻力同时增大或者同时减小。同时从仿真结果中可以看出，刨削速度对刨刀的受力影响不大，但是当速度提高时，刨刀载荷变化频率增加。刨煤机的发展趋势之一就是提高功率和刨速。刨煤机的功率和刨速较大时，能够在单位时间获得更高的产量，该方法更适应厚煤层和硬煤层的开采需要，扩大了刨煤机的使用范围。尽管刨煤机的刨削速度对刨刀的载荷影响相对较小，但是对产煤效率、刨煤机稳定性、产尘量等有非常重要的影响，因此应合理选取刨煤机的刨速。

5.4.1.2　不同刨削深度工况

刨刀尺寸及其他条件不变，刨速 V=1.17 m/s，设定刨削深度 h 分别为20 mm，25 mm和30 mm，得到3种刨深时刨刀合力曲线，如图5-17。

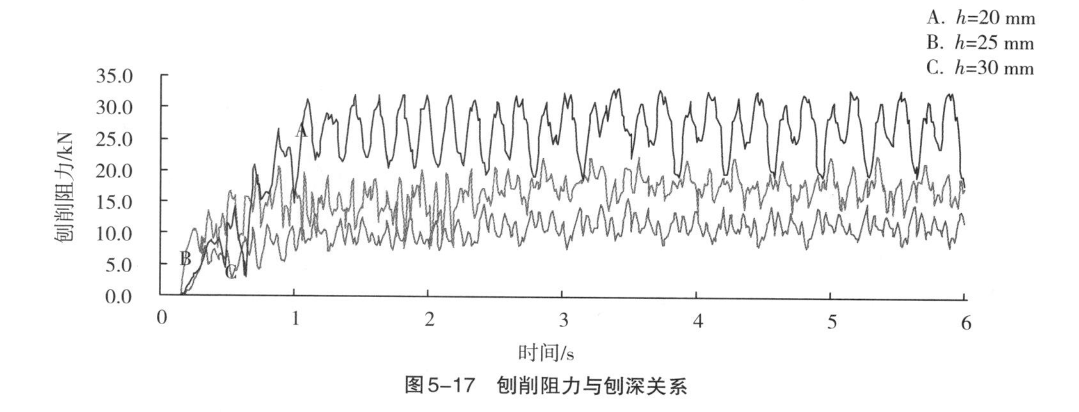

图5-17　刨削阻力与刨深关系

从仿真结果可以看出，随着刨削深度增加，刨刀受力也在增加。在用单个刨刀刨削时，在所有刨削形式中，随着刨削深度的增加，单位能耗和煤炭粉碎程度实际上都以双曲线形式下降。

5.4.2 刨刀结构参数对刨刀力学特性影响的模拟研究

5.4.2.1 不同刨刀前角的模拟

刨刀尺寸及其他条件不变，设定刨刀前角γ分别取10°，20°和30°，研究3种刨刀受力的变换规律，其合力仿真结果如图5-18。

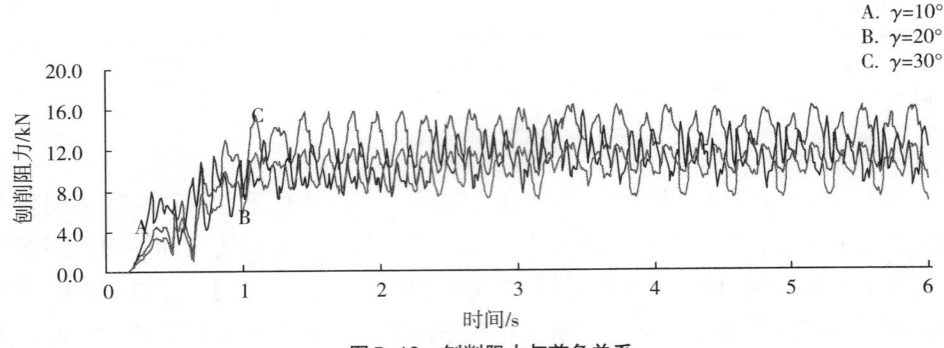

图5-18 刨削阻力与前角关系

从仿真结果中可以看出，随着前角的增大，刨削阻力减小，这与前人研究的结果一致。由此可见，加大前角对降低刨削阻力是有利的，但前角越大刨刀刃磨损越快，同时刨刀刃强度也降低。所以，在选择刨刀前角时，还应考虑如何减小刨刀的磨损。一般常用的前角值为γ=30°。

5.4.2.2 不同刨刀后角的模拟

刨刀尺寸及其他条件不变，设定刨刀后角α分别取为7°，9°和11°，研究3种刨刀受力的变换规律，其合力仿真结果如图5-19。

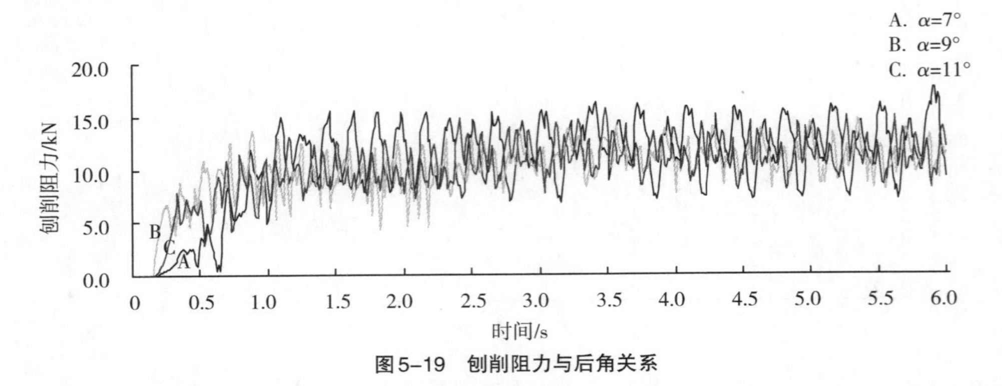

图5-19 刨削阻力与后角关系

很多研究人员指出，用后角小于5~7°的锋利刨刀破煤，将使刨削阻力急剧增加。对具有小后角的刨刀，磨损面积增大较快，同时将引起载荷增加较大。图5-19仿真结果是相符的。当后角为9~11°变化时，后角增大过程中，刨刀所受平均阻力略有减小，但减小趋势不明显。在刨削磨损过程中，刨刀刃将变圆，使后角变小，引起载荷增加，因此，应适当选择刨刀后角。

5.4.2.3 不同刨刀宽度的模拟

刨刀尺寸及其他条件不变，设定刨削宽度b_p分别为20 mm，25 mm和30 mm。研究3种刨刀受力的变换规律，其合力仿真结果如图5–20。

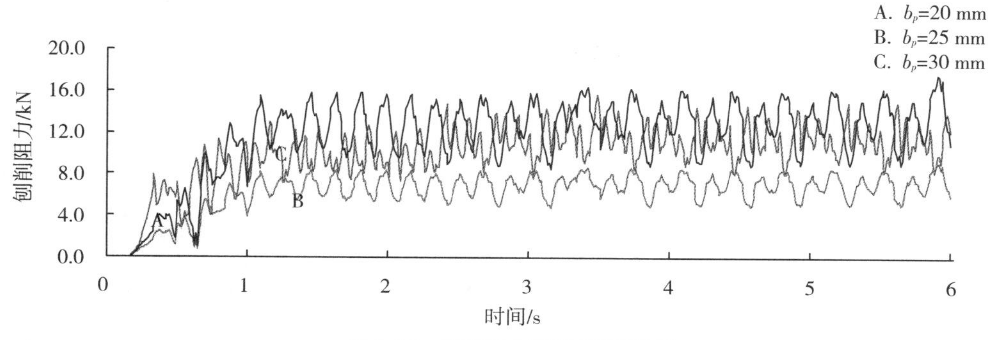

图5–20 刨削阻力与刨刀宽度关系

刨刀宽度增加不仅影响刨刀受力，同时也增大了刨削能耗，所以设计刨刀结构时，选择一个合适的刨刀宽度尤为重要。仿真结果表明：刨刀宽度由30 mm减小到25 mm，刨削阻力随之减小，载荷波动范围也随之减小。刨刀刨削煤岩是分阶段进行的。刨刀刨削煤岩总共有4个阶段：煤体变形阶段，裂纹发生阶段，刨削核形成阶段和块体崩裂阶段。在前两个阶段，刨刀受力持续增加；在第三个阶段，刨刀继续运动，煤体内形成密实的刨削核；第四个阶段，刨刀继续向前运动，载荷继续增加，在封闭刨削瞬间，压力超过煤岩剪力时，发生块体崩裂，刨刀突然切入，此时载荷瞬时下降。由于宽刨刀与煤体的接触面积大，载荷峰值的波动幅度也大。

5.4.2.4 不同合金刀头直径的模拟

刨刀尺寸及其他条件不变，设定合金刀头直径d分别为12 mm，16 mm和20 mm。研究3种刨刀受力的变换规律，其合力仿真结果如图5–21。

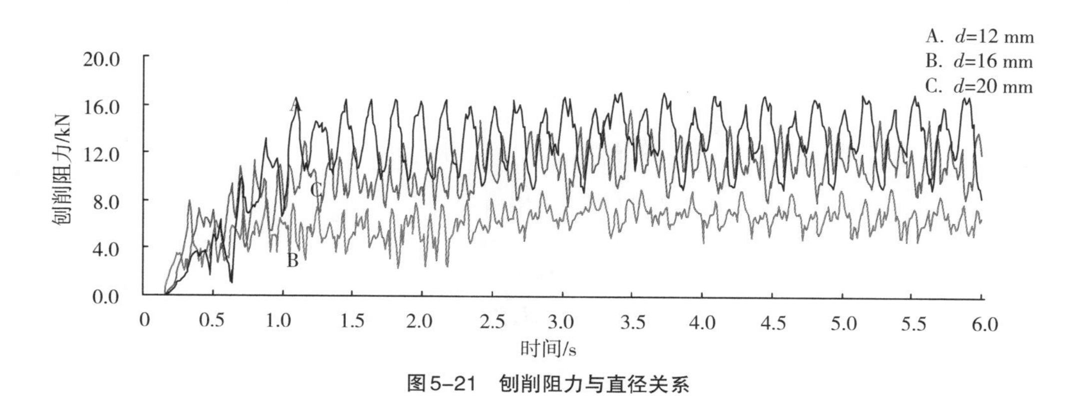

图5–21 刨削阻力与直径关系

从图5–21中观察到，合金刀头直径d=12 mm时，刨刀平均合力约为6.2 kN；当合金刀头直径d=16 mm时，刨刀平均合力约为10.9 kN，增加了4.7 kN；当合金刀头直径d=20 mm时，刨刀平均合力约为13.1 kN，增加了2.2 kN；阻力增加的要比由12 mm到

16 mm时增加的阻力小得多。可以看出，合金刀头增加相同数值时，阻力增加不是很大，因此合理选择刨刀合金刀头直径既可以达到降低阻力又可以满足强度的要求。

5.4.2.5 不同合金刀头刀尖锥度的模拟

刨刀尺寸及其他条件不变，设定合金刀头刀尖锥度φ分别为85°，77°和69°。研究3种刨刀受力的变换规律，其合力仿真结果如图5-22。

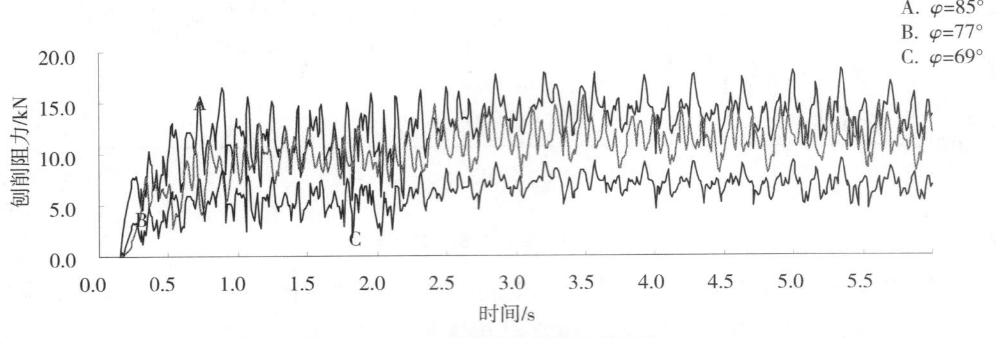

图5-22 刨削阻力随锥度的变化

当合金刀头锥度φ=69°时，刨刀平均合力约为5.7 kN；当合金刀头锥度φ=77°时，刨刀平均合力约为11.9 kN；当合金刀头锥度φ=85°时，刨刀平均合力约为13.3 kN。阻力增加速率随锥度的增长变缓，这与实验中对刨刀力学规律分析是一致的。

5.4.3 刨煤机结构参数对刨刀力学特性影响的模拟研究

单个刨刀刨削煤岩时，刨刀与煤岩接触区域附近没有受到其他刨刀的影响，煤岩崩落角对单个刨刀受力影响较小。多个刨刀刨削煤岩时，相邻刨刀分别会受到煤岩崩落角的影响，根据刀间距与崩落角的关系，同样煤岩，刀间距不同，刨刀受力不同。因此本节主要是研究刨刀间距对刨刀受力的影响，同时分析在同样刨深下，刨刀受力的变化趋势。图5-23为多刀模拟有限元模型。

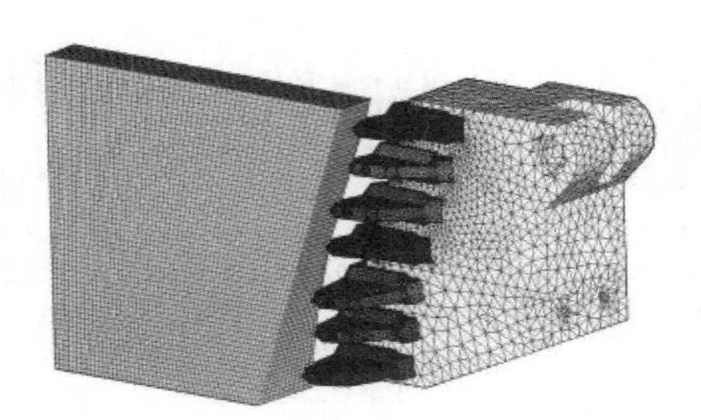

图5-23 多刀模拟有限元模型

为了分析比较方便，选取煤岩性质与单个刨刀时的煤岩性质相同，同样选取刨深25 mm，刨削速度V=0.6 m/s。分别得到t=68 mm，90 mm和120 mm时第4个（从上往下）刨刀的三向力和合力曲线。

相邻刨刀间距的合理选取，取决于煤岩性质和刨刀结构参数。从图5-24和图5-25中可以看出，当刨刀间距 t=68 mm时，刨刀平均合力约为5.7 kN，峰值载荷约为7.1 kN；当刨刀间距 t=120 mm时，刨刀平均合力约为7.8 kN，峰值载荷约为9 kN；当刨刀间距增加约1.3倍时，刨刀平均受力增加2 kN。同样刨削深度和刨刀宽度，单个刨刀刨削时的平均刨削阻力约为11.9 kN，而多个刨刀刨削过程中，当 t=68 mm时，第4把刨刀平均刨削阻力约为5.7 kN，对比单独一把刨刀时，减小6.2 kN。刀间距在90～120 mm或120 mm以上后，刀间距增加，阻力增得缓慢，并逐渐接近单把刨刀阻力。

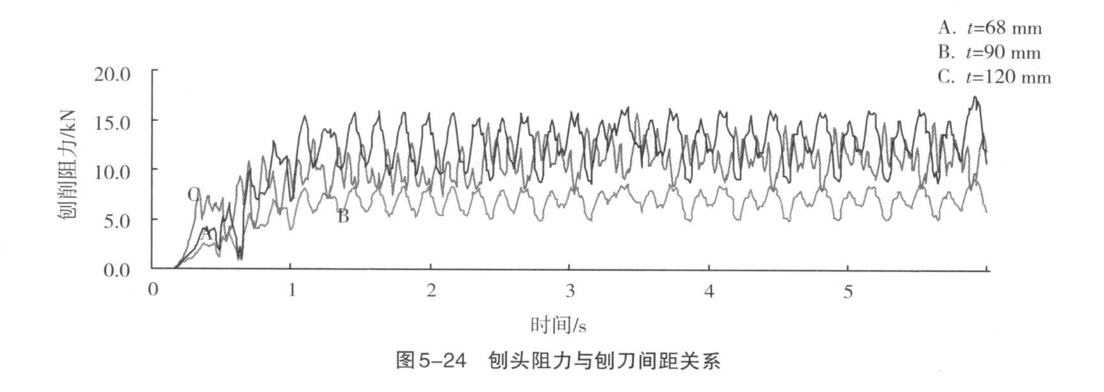

图5-24　刨头阻力与刨刀间距关系

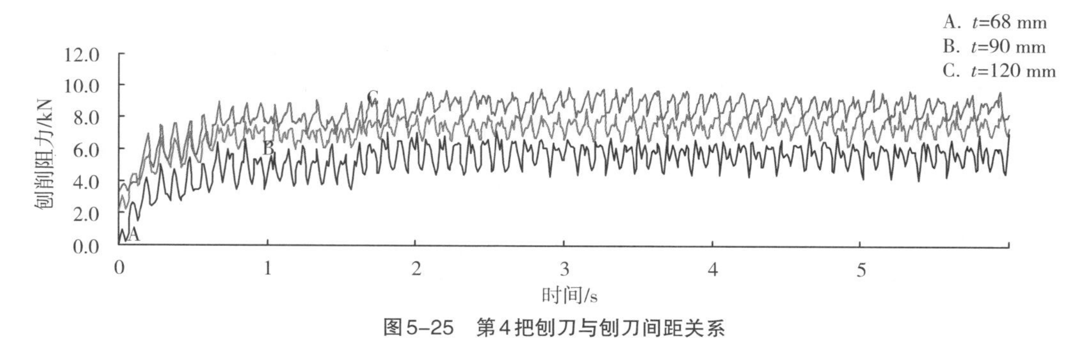

图5-25　第4把刨刀与刨刀间距关系

因此，设计刨煤机结构参数时，不仅要合理确定刨刀个数，而且要合理选取刨刀间距。

5.5　模拟结果与实验结果对比分析

作为辅助设计手段，模拟仿真应具有一定参考价值，应符合实际工作状况，为保证准确使用数值分析结果，更好地将其应用于刨煤机的分析与设计等问题当中，选取刨刀前角、后角以及刨头上刨刀的刀间距3个影响因素的仿真结果与实验结果进行比较，列出异同，通过对比分析，验证其精确程度，同时也验证实验的可靠性。

图5-26为当刨煤机工作速度设定为1.17 m/s时，刀间距90 mm时第4把（从上至

下）刨刀的实验载荷历程曲线，图5-27为相同参数设置情况下第4把（从上至下）刨刀的仿真载荷曲线。从图中可发现，仿真结果与实验结果存在较大差异，实验值的阻力波动幅度明显大于仿真结果，而且实验结果中刨削阻力的变化更杂乱一些。现将实验与模拟仿真的结果通过MATLAB软件统计分析，结果如表5-3、表5-4。

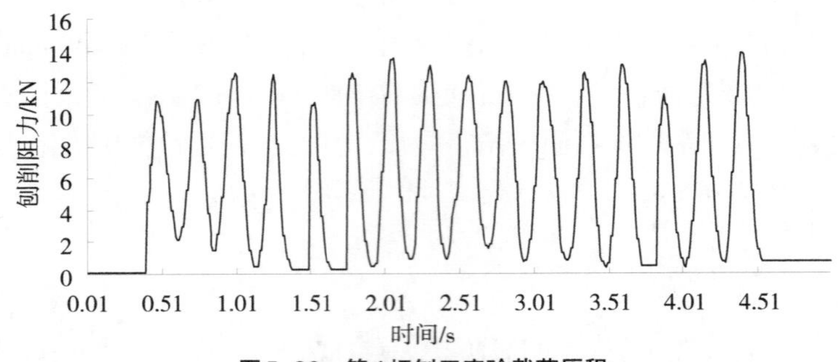

图5-26 第4把刨刀实验载荷历程

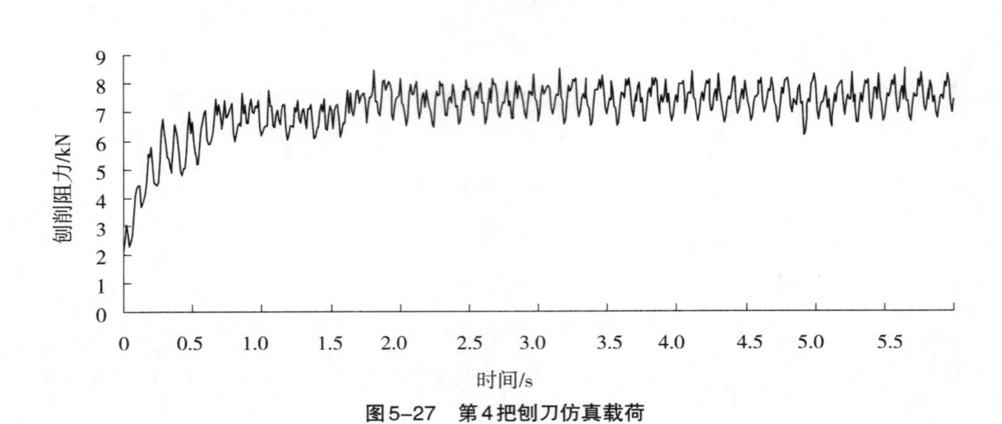

图5-27 第4把刨刀仿真载荷

表5-3 前角变化时实验和仿真数据统计

刨刀前角/（°）	10			20			30		
刨削阻力	均值/kN	标准差/kN	最大值/kN	均值/kN	标准差/kN	最大值/kN	均值/kN	标准差/kN	最大值/kN
实验值	9.1	1.81	24.0	8.1	1.57	23.3	7.4	1.33	21.4
仿真值	12.2	1.43	18.3	11.3	1.16	24.9	10.4	0.82	17.9
相对偏差/(%)	−16.3	11.7	13.5	−16.5	15.0	−3.3	−16.8	23.7	8.9

表5-4 后角变化时实验和仿真数据统计

刨刀后角/（°）	7			9			11		
刨削阻力	均值/kN	标准差/kN	最大值/kN	均值/kN	标准差/kN	最大值/kN	均值/kN	标准差/kN	最大值/kN
实验值	14.3	1.8	23.1	8.1	1.5	23.3	7.9	1.30	24.5
仿真值	20.1	1.0	23.0	11.3	1.78	21.9	11.0	1.66	23.8
相对偏差/(%)	−16.9	28.5	0.2	−16.5	−8.5	3.1	−16.2	−12.2	1.5

从仿真曲线和表5–3、表5–4中的实验统计数据来看，刨削阻力随刨刀前角、后角的整体变化规律是一致的，并且平均刨削阻力增长的速率也是近似相等的。从曲线的波动幅度和标准差的值来看，模拟数据中的平均阻力要大于实验数据，但是模拟过程中，阻力变化比较规律，受力更趋于平稳，刨刀的受力状态相对较好。

从实验曲线和表5–5的实验数据统计数字看，随着刨刀间距变化，刨头阻力和单个刨刀阻力同时发生变化。当刨刀间距在90 ~ 120 mm范围内变化时，刨头和刨刀阻力的均值增加，阻力幅值波动增大。这和实验结果是一致的。当刨刀间距在68 ~ 90 mm范围内变化时，刨头和刨刀阻力的均值增加缓慢，几乎不发生变化，这和实验结果也是一致的。

表5–5　不同刀间距时实验和仿真数据统计

刨刀间距/mm	68			90			120		
刨头阻力	均值/kN	标准差/kN	最大值/kN	均值/kN	标准差/kN	最大值/kN	均值/kN	标准差/kN	最大值/kN
实验值	25	1.3	50	42	1.5	60	49	2.4	90
仿真值	35	1.5	52	59	1.7	60	52	2.7	73
相对偏差/(%)	−16.7	−7.1	−1.9	−16.8	−6.25	0.0	−2.9	−5.9	−10.4

从表5–3 ~ 表5–5数值中分析，除去几个特殊点外，仿真结果都比实验结果大一些，但相对偏差值稳定于−16.5%。ANSYS/LS–DYNA仿真时，不能完全准确地描述煤岩的性质，而实验的假煤壁为人工合成的，所以各种性质和真实的煤岩存在一定的差距，溜槽推移不是很平直，而且刨头和滑架之间的摩擦力也较大，以及各种参数的选取和实验工况比较复杂，导致刨头的受力出现不均匀的情况。仿真时，网格控制等方面以及各参数的设置产生的误差等都会成为导致阻力产生16.5%的误差以及阻力曲线出入的原因，利用仿真得到的结果和实验曲线有一些差别，这是必然的，但总体趋势是一致的。因为刨削假煤壁过程承受随机作用力，所以，得到的阻力信号也是随机的，仿真曲线和实验随机信号的数字特征也比较接近，具有一定预测作用，验证了建立的虚拟刨削模型可以作为设计分析工程中的参考。

5.6　刨刀应力数值模拟分析

在前面将刨刀定义为刚体，获得了刨刀刨削煤岩过程中的载荷变化规律，并验证了建立的刨刀虚拟刨削模型符合实际情况，但没有获得刨刀变形、应力和应变分布规律。因此，为了分析刨刀合金刀头和焊缝处的强度，本节把刨刀当作柔性体，分析计算刨刀的应力应变，同时为后续的优化提供载荷数据。

刀身与刨刀合金刀头通过钎焊连接，但在钎焊的过程中其工艺存在一定程度的缺陷，同时刨刀结构形状比较复杂，为使仿真计算结果更准确合理，建模时对模型结构影响不大的特征参数进行适当简化，其假设如下：①钎焊良好。钎焊时刨刀表面不会产生氧化膜。②刨刀的钎焊润湿性良好。钎焊缝隙中提前放置钎料，毛细作用与润湿性可以起到重要作用。③钎焊时所产生的裂纹极少。④焊接后的残余应力影响可忽略。用热作用法去除残余应力（退火温度和保温时间适宜即可），使焊接过程中和焊接后所产生的残余应力完全消除。

建立的刨刀三维模型焊缝处的厚度取为0.3 mm，选用的刨刀结构参数如表5-6，刨削深度 h=20 mm，刨削速度 V=1.17 m/s。把刨刀当作柔性体后，刨刀三维化模型如图5-28。通过有限元的前处理模块，按照刨刀与刀座的接触方式，对刨刀底部实施全约束。其中，底座为刚体，刨刀和煤岩为柔性体，刨刀速度加载到刚体底座上，刨刀与刨刀座的连接属于刚柔耦合问题，由于在显示分析中没有耦合的功能，所以采用刨刀底部的节点通过关键字*CONSTRAINED_ EXTRA_NODES_SET耦合到刚体的质量中心位置处，有限元模型如图5-29。

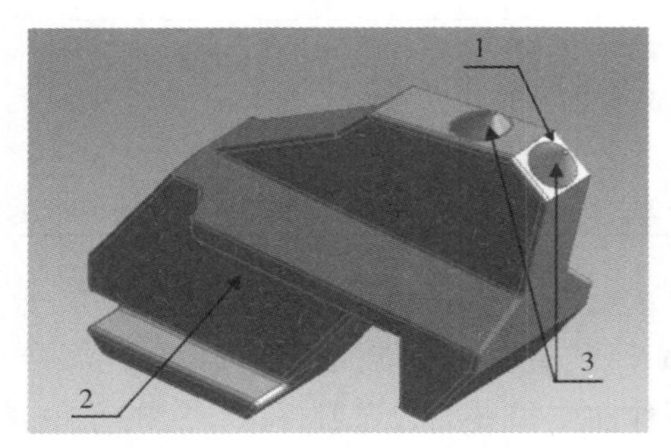

1. 焊缝　2. 刀身　3. 合金刀头

图5-28　刨刀三维模型

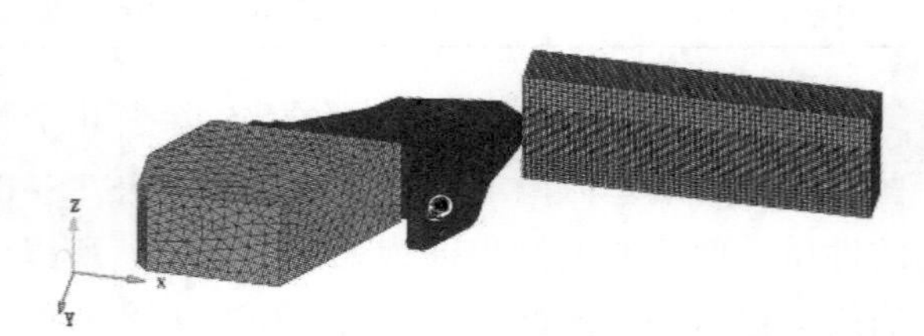

图5-29　有限元模型

表5-6　刨刀结构参数

前角/（°）	后角/（°）	刀宽/mm	合金刀头直径/mm	合金刀头锥度/（°）
20	7	25	16	77

5.6.1　焊缝处应力分析

在刨削单一煤岩时，刨刀疲劳磨损比较严重。由于合金刀头是硬质合金，相对煤岩具有足够的硬度。因此，刨刀最薄弱的位置是刀体与合金头的焊缝处，这与实际刨煤机的使用情况非常相符。所以有必要研究焊缝处的应力变化规律。

为了分析焊缝处应力变化规律研究，图5-30给出了刨刀刨削煤岩过程中某一时刻焊缝处的应力云图。图5-31是两个焊缝处的4个单元，即51 447，55 696，51 732，55 746单元在仿真过程中应力变化曲线。

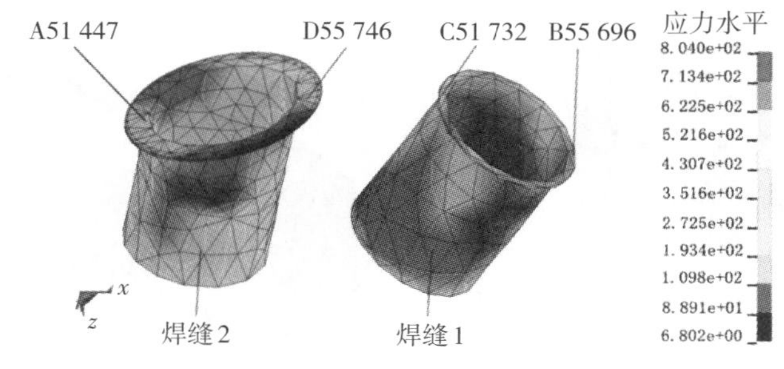

图5-30 焊缝应力云图

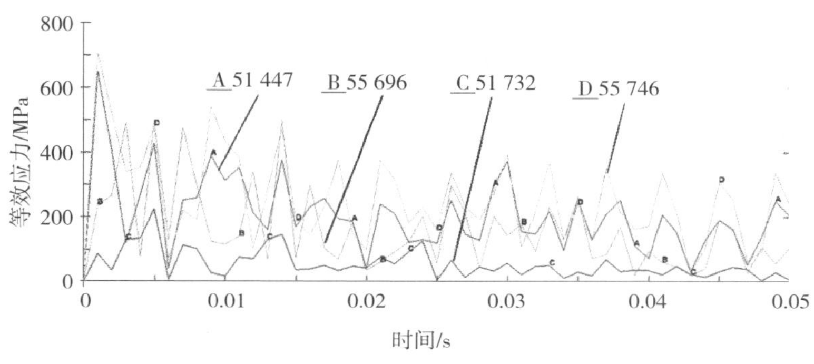

图5-31 等效应力

从图5-31可以看出，焊缝处应力非常大，这是因为刨刀刚切入煤岩时，刨刀与煤岩有较小冲击造成的。当刨刀继续切入时，随着煤岩垮落，焊缝处的应力有所减小，最后呈平缓波动变化的趋势。从图5-30中可以看出，焊缝2处的边缘应力比焊缝1处的边缘应力大，这是因为焊缝2处同时承受刀头1和刀头2作用。但是，焊缝2处的等效应力远远小于刨刀合金刀头材料的破坏应力。

刨煤机刨削煤岩时，尤其在针对回采研磨程度低的单一煤岩进行刨削时，若刨刀的失效强度小于刨刀坚固性时，刨刀失效发生率比较高，此时刨刀主要失效形式为刨刀合金刀头失效脱落。

焊接是工程中常见构件连接方式，在多变载荷作用下，焊缝处成为焊接结构中最为薄弱的部位，一般焊缝部位是焊接结构中失效开始的部位。刨刀结构对焊缝处的应力有重要的影响，优化刨刀的关键结构参数，降低焊缝处的应力，有利于提高焊缝处的寿命。

5.6.2 刀身处应力分析

尽管刨刀合金头焊缝处应力比较大，但是刨刀刨削煤岩过程中，若遇到较硬煤岩以及采用较大刨深时，刀身部位也会存在较大应力，导致刨刀折断。在相同工况时，图5-32是某时刻刀身的应力云图。

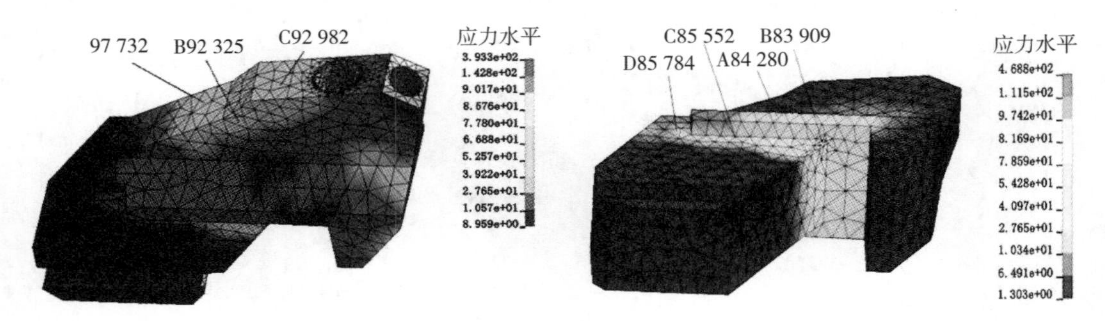

图5-32　刀身应力云图

图5-33是刀身的3个单元，即97 732，92 325，92 982单元在仿真过程中应力变化曲线。

观察图5-32的刀身应力云图和图5-33单元应力变化曲线，并结合焊缝处的应力云图和单元应力曲线可以发现，刀身处的工作应力远远小于焊缝处的工作应力。从图5-32同时看到，此刻刀身的最大应力出现在刨刀背向刨削面靠近固定处，因此此处当载荷突然增加时，容易发生刨刀折断。

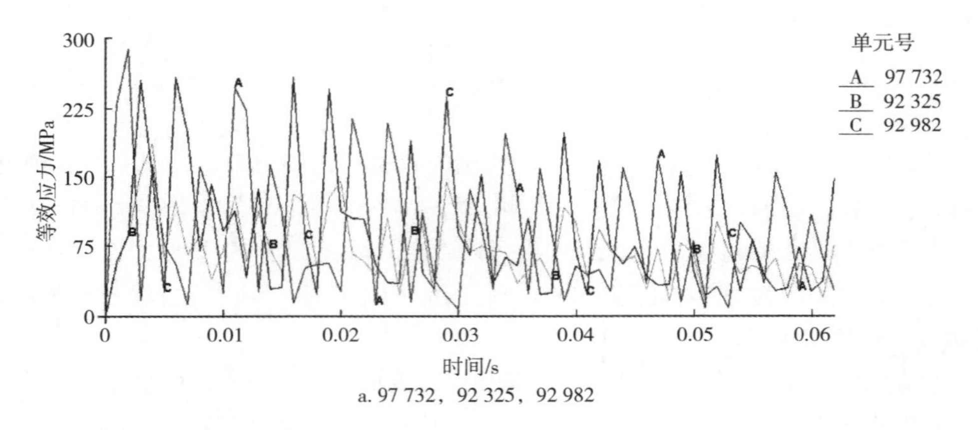

a. 97 732，92 325，92 982

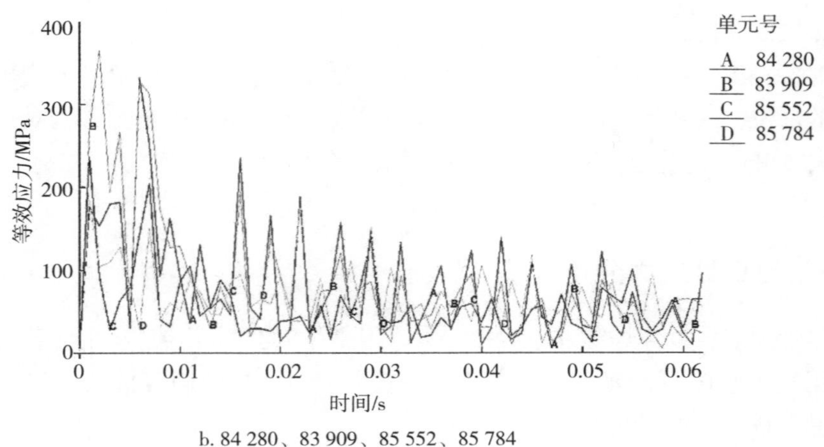

b. 84 280、83 909、85 552、85 784

图5-33　刀身单元等效应力

5.7　小结

针对实验测试所用假煤壁的特性，研究了本构单元在变形过程中经历的几个阶段。针对每个阶段的不同特征，判断材料单元应力应变所处的位置，并根据本构关系特征建立失效的判断依据，为刨煤机刨刀刨削煤岩提供了合理的损伤本构模型。

以下链牵引滑行刨煤机为研究对象，针对刨煤机刨削煤壁的实际情况，进行非线性动力学模拟。应用有限元软件 ANSYS / LS-DYNA 建立了刨削过程的动力学模型，模拟研究了刨煤机刨削煤岩时刨刀的力学特性和相互接触的动应力。得到了不同刨刀结构参数和刨煤机工况参数时的刨刀所受三向力载荷变化曲线；解决了刨刀载荷识别问题，为刨刀优化设计提供了计算数据。

6　刨煤机刨刀刨削煤岩实验研究

本书作者参加设计研制的滑行刨煤机属于下链牵引式滑行刨煤机，于2010年9月在辽宁工程技术大学的辽宁省大型工矿装备重点实验室组装完成，本书作者独立设计和研发了刨煤机最主要部件——刨头、刨煤机滑架、刨链连接座等。刨煤机实验台应用效果良好，已经做了多次实验。本实验利用该刨煤机实验台进行刨煤机刨削假煤壁测试实验，主要目的是通过实验获得在不同工矿条件、煤岩硬度以及刨刀结构参数等条件下刨刀受力的变化规律，获得分析数据，为刨刀的力学分析提供实验依据和原始数据。

6.1　刨煤机实验系统描述

6.1.1　刨煤机实验台简介

刨煤机实验台图6–17由刨煤机、刮板输送机、皮带运输机、转载机、液压推移系统以及假煤壁等组成，该试验台是国内唯一一套刨煤机综合实验台。刨煤机、刮板输送机以及推移油缸、人工煤壁等在倾斜的水泥台面上，与地面之间的倾角为2.6°。实验台简图如图6–2。刮板输送机的电动机功率为40 kW，实验室中，刮板输送机由9节中部溜槽和机头机尾过渡槽等组成，总长度为22.3 m。刨煤机、皮带运输机和转载机等为自行研制。刨煤机电动机功率75 kW；减速器采用两级圆锥圆柱齿轮减速器，传动比为8；刨链使用规格为18×64–C级圆环链。刨头高度为0.6 m，刨煤机通过变频器调整刨速。

图6–1　刨煤机实验台

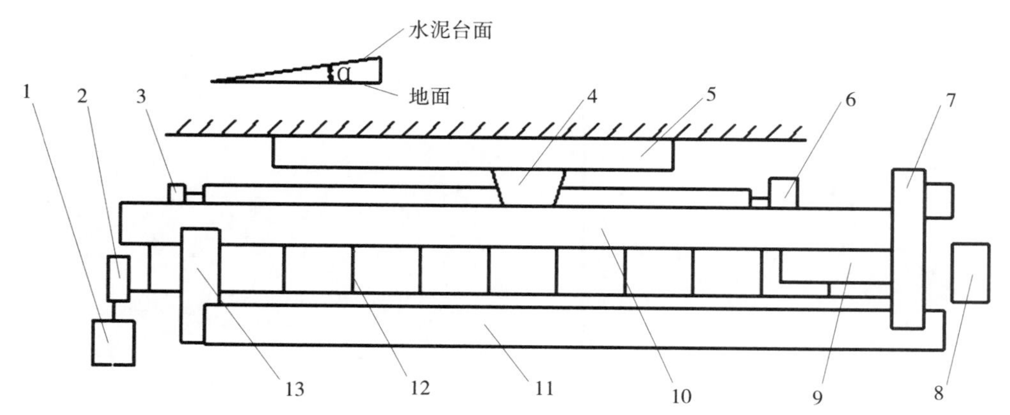

1. 液压泵站 2. 液压阀控制台 3. 刨煤机机尾装置 4. 刨头 5. 人工煤壁 6. 刨煤机机头驱动装置 7. 转载机 8. 电控操作台 9. 刮板输送机驱动部 10. 刮板输送机 11. 皮带运输机 12. 推移油缸 13. 卸载槽

图6-2 刨煤机实验台

6.1.2 测试系统

6.1.2.1 刨头阻力测试系统

刨头阻力测试系统如图6-3，张力数据由屏蔽电缆传输至计算机，数据存储后，进行数据处理。

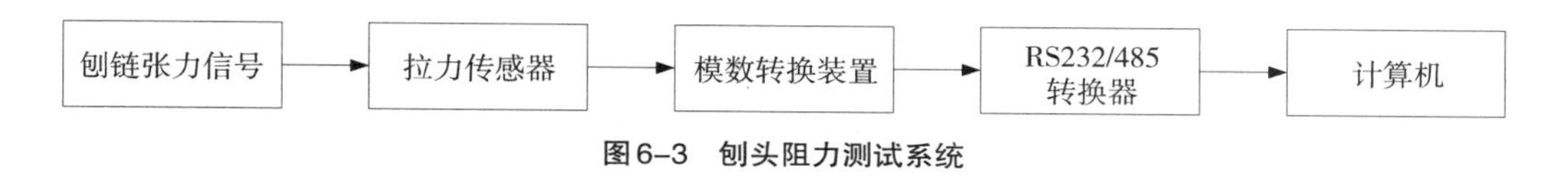

图6-3 刨头阻力测试系统

测试刨链张力的传感器接入位置如图6-4。刨头由机头位置开始向机尾方向运行，在刨头左右两侧将刨头和刨链连接处的连接环断开，接入拉力传感器。

实验测试刨头阻力为两刨链拉力传感器的数值差。

$$F_B = F_1 - F_2 \tag{6-1}$$

式中，F_B为刨头阻力；F_1为右侧拉力传感器值；F_2为左侧拉力传感器值。

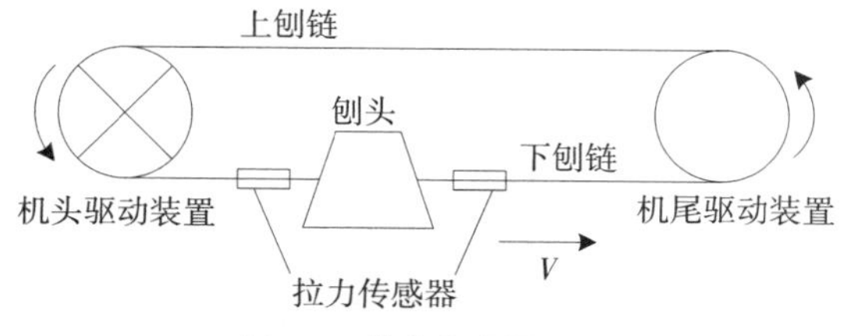

图6-4 拉力传感器位置

测试设备中，拉力传感器和数据采集装置如图6-5和图6-6，传感器为CFBLZ柱式拉力传感器，量程为0～10 t，灵敏度1.184，精度0.05%。数据采集装置型号为XSB-A-H1MB3S2V0。编制串口程序得到拉力数据后，利用MATLAB软件进行处理。

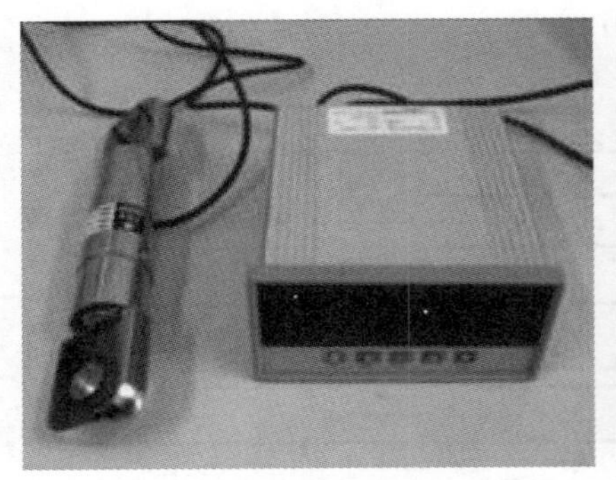

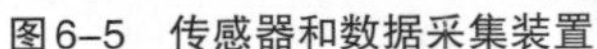

图6-5　传感器和数据采集装置

图6-6　布置传感器和采集装置的刨煤机

6.1.2.2　刨刀受力测试系统

刨刀受力测试系统如图6-7。

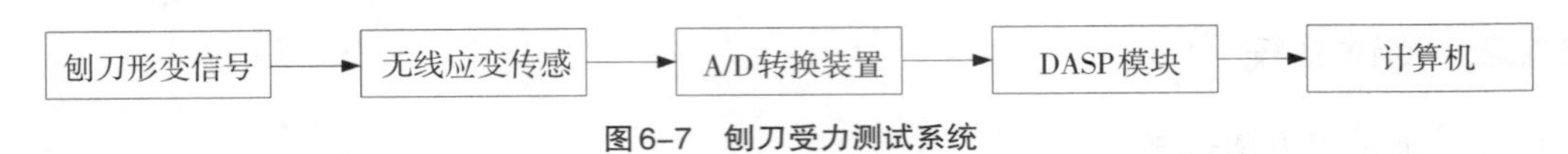

图6-7　刨刀受力测试系统

实验采用刨刀为矿用刨刀MT/T862型，并对该刨刀结构进行改进获得实验使用测试刨刀如图6-8。具体改进方法如下：

（1）在刨刀刀体中部加工一尺寸为25 mm×15 mm×4 mm的方形柱来粘贴4个应变片。

（2）并在方形柱上开通直径为5 mm的前后、左右的贯通孔，线从孔中引出到开槽的一边，引出线直接通过线槽通到刀柄尾部。

（3）刀头中间加工一通方孔，便于粘贴应变片3。

（4）刀头尾部有一缝隙，隔离刀头与刀杆，使刀头尾部悬空。

在相应位置安放应变片，刨刀受力形变引起应变片电阻值变化，从而产生变化的电压信号，无线发射装置将该信号发送至计算机，DASP模块将电压信号处理为所需的刨刀阻力。

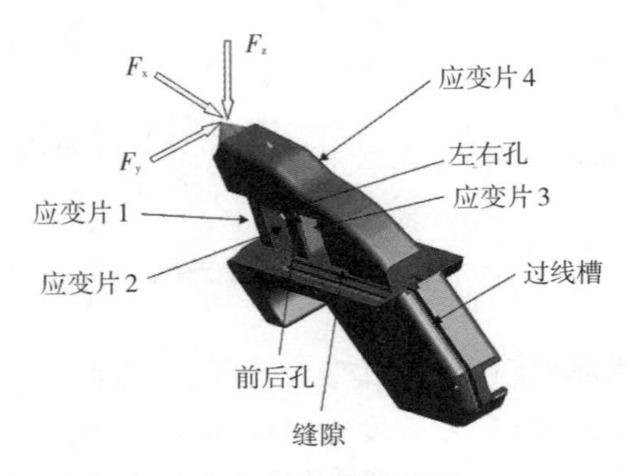

图6-8　实验用测试刨刀

测试设备中，使用的无线应变传感器型号为SG401，如图6–9a，量程为±15 000 με，测量精度0.1% F.S ±2 με。稳定性为0.05%±2 με/4 h，数据采集方式为连续采集和周期采集，A/D转换的分辨率为16 bit，应用BEEDATA软件处理，获得所需实验数据。数据采集操作软件界面如图6–9b。

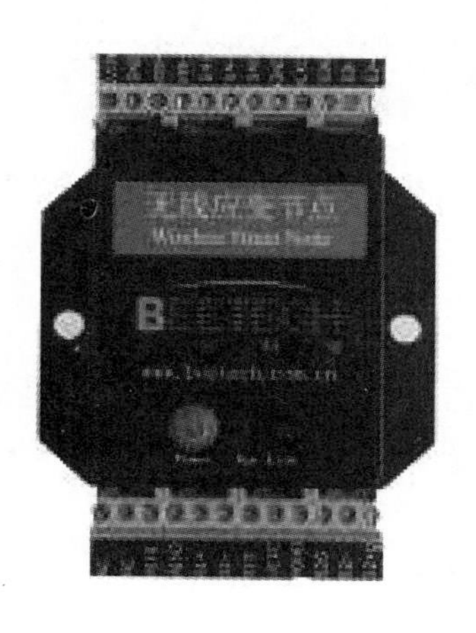

a. 无线应变传感器

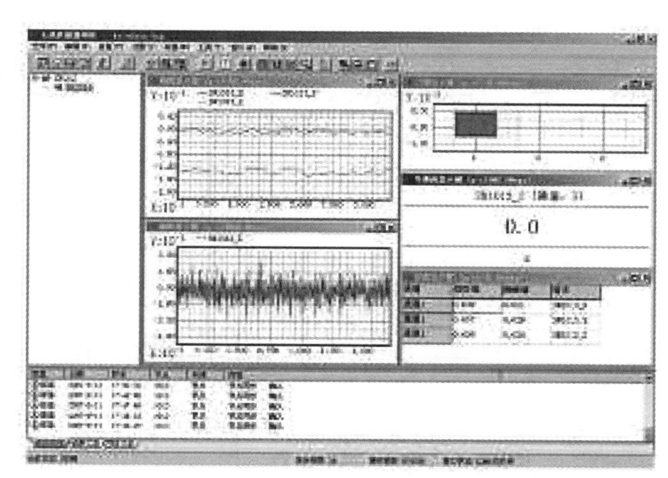

b. BEEDATA软件操作界面

图6–9 无线应变传感器系统

6.1.3 试样准备

人工假煤壁由水泥和煤粉颗粒配比组成，假煤壁包含3种硬度，分别是F=0.4，F=0.8和F=1.2，各种硬度配比见表6–1。假煤壁长7.78 m，宽0.94 m，高1.29 m。由于井下的煤岩有层理节理以及顶板压酥等原因，而人工煤壁没有层理和节理，所以强度要比真实煤岩强度大。

表6–1 假煤壁参数配比

假煤壁硬度	水灰比	坍落度/mm	含气量/（%）	混凝土配合比/（kg·m^{-3}）			
				水	水泥	细骨料	粗骨料
0.4	1.19	70	1.0	72	60	177	245
0.8	0.92	88	1.0	72	78	174	240
1.2	0.74	70	1.0	72	97	170	235

6.1.4 实验刨刀结构参数

实验用刨刀结构模型如图6–10，刨刀实物图见图6–11。

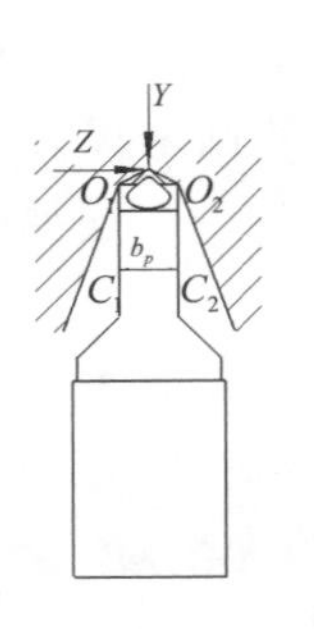

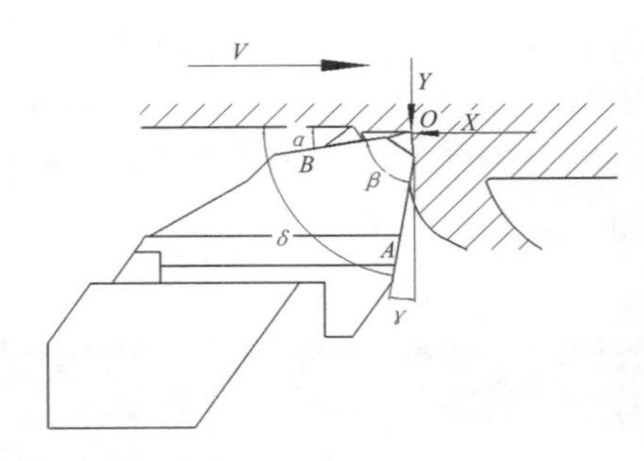

图6–10 刨刀结构模型

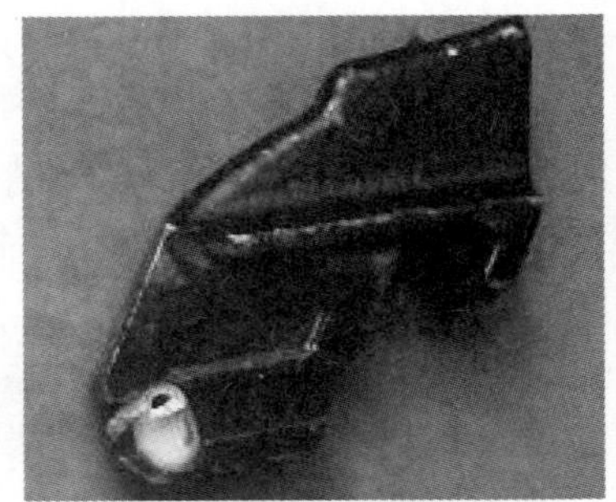

图6–11 刨刀实物

6.1.4.1 几何参数

刨刀几何参数，主要由下列3个部分组成：

（1）前刃面。刨削层流过的表面，图6–10中*OA*平面；

（2）后刃面。煤岩新破碎面所面对的刀具表面。从工艺观点出发，后刃面常常是平面形状，便于进行修磨。后刃面又分为一个主后刃面，即图6–10中*OB*平面和两个侧后刃面，即图6–10中O_1C_1和O_2C_2平面；

（3）刨刀刃。前刃面与后刃面相交线成为刀刃，即图6–10中*O*所代表为主刨刀刃，O_1和O_2分别代表两个侧刨刀刃。

6.1.4.2 结构参数

刨刀主要结构参数有前角γ、刀尖角β、后角α、刨削角δ，如图6–10。刨刀各刃面与刨刀刃之间的相互位置以及它们与刨削面之间的关系是由α，β，γ，δ等角度来确定的，这些角度决定了刨刀的几何形状。

（1）前角γ。刨刀前刃面与通过主刨刀刃且垂直于刨削面的平面之间的夹角。刨削角δ小于90°时，前角γ为正值；切削角δ大于90°时，前角为负值。

（2）刀尖角β。刨刀前刃面与主后刃面之间的夹角。

（3）后角α。刨刀主后刃面与刨削面之间的夹角。

（4）刨削角δ。刨刀前刃面和刨削面之间的夹角。

当前角为正值时，刀具各角的关系为：$\alpha+\beta+\gamma=90°$，$\delta+\gamma=90°$，$\alpha+\beta=\delta$。

本次实验中设计一种实验用标准刨刀，实验标准刨刀是参考有关文献中标准刨刀进行设计的，与文献中的标准刨刀除刀头部结构不同外，其他结构参数相同，实验用标准刨刀为带有圆柱状合金刀头刨刀，刨刀结构参数如表6–2。

表6–2 刨刀结构参数

前角/（°）	后角/（°）	刀宽/mm	合金刀头直径/mm	合金刀头锥度/（°）
20	7	25	16	77

6.1.5 实验过程

刨煤机机头机尾链轮中心距离为21.5 m。刨头速度由变频器控制，变频器频率与刨煤机速度可用以下公式进行计算，分别测试不同工况参数和刨煤机结构参数时的受力。

$$n_{电机}=\frac{60f(1-s)}{p} \tag{6-2}$$

$$s=\frac{n_{同步}-n_{额定}}{n_{同步}} \tag{6-3}$$

$$n_{链轮}=\frac{n_{电机}}{i}=\frac{n_{电机}}{8} \tag{6-4}$$

$$v_{链轮}=\frac{\pi R n_{链轮}}{30} \tag{6-5}$$

式中，f为频率；i为传动比；p为磁极对数；s为电机转差率；$n_{链轮}$为链轮转速；$v_{链轮}$为链轮线速度；R为链轮半径；$n_{同步}=1\,500$；$n_{额定}=1\,480$。

由于该测试系统直接测得的数据是刨链拉力，而所要研究内容则是刨头受力测试，因此需要根据刨链拉力和刨头受力之间的关系式，计算出最终刨头的刨削阻力。刨链牵引刨头运行过程中，刨头受到的阻力由刨头刨削阻力、装煤阻力、刨头摩擦阻力几部分组成，因此刨链总拉力F即为刨头阻力F_B、装煤阻力F_L和刨头摩擦阻力F_M之和，见式（6–6）。

$$F=F_B+F_L+F_M \tag{6-6}$$

装煤阻力，将刨头前面的煤堆装入输送机过程中，煤堆对刨头的反作用力。若所刨削的煤岩比较松软时，会出现比较严重的煤层顶板垮落现象，此时，在刨头前面将形成落煤堆积，较多脱落在刨头上部的煤会直接进入输送机中，剩下的煤集中在刨头前面和煤岩之间，对刨头运行产生阻碍作用。

刨头摩擦阻力，主要包括刨头重力引起的刨头和滑架之间的摩擦力F_H以及刨刀所受侧向力引起的刨刀和煤岩之间的摩擦力F_C和刨链在链道中的摩擦力F_D。

实验过程中，刨头速度可以通过变频器调整。电控操作台控制刨煤机，首先启动变频器和电动机，然后刨头按设定速度沿刮板输送机滑架运行，到机尾一侧接触到行程开关，断电停止。当完成一次刨削后，控制刨煤机反向运行回到机头一侧，然后根据实验要求，确定刨深，用推移系统向假煤壁方向推移刮板输送机，尽量调整平直，减少摩擦阻力，以使刨煤机稳定运行，然后进行下一次刨削过程。图6–12为刨头刨削煤壁，图6–13为实验系统控制台，通过其设置刨头的工作速度、刨刀的刨削深度等工况参数。

图6–12 刨头刨削煤壁

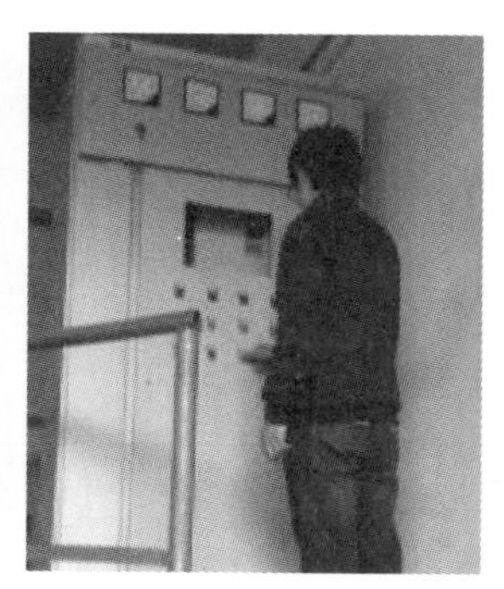

图6–13 实验系统控制台

6.2 刨刀刨削煤岩力学特性实验研究

此次实验采用控制变量法，进行单因素试验，即每次只对煤岩硬度、刨刀各角度、宽度、刨削速度和刨削深度等其中一个因素进行改变，观察测试阻力与各因素之间的变化规律，并通过一系列数据处理手段获悉它们之间的统计关系。因为先研究单把刨刀的受力影响，所以在6.2.1~6.2.3节中进行的是单把刨刀刨削煤岩实验，即刨头上只安装一把刨刀，将实验刨刀安装在从上至下第4把刨刀座上，如图6-12中的4号刀座。

为避免实验冗余，进行一组基础实验，刨刀采用实验用标准刨刀，实验参数设置如表6-3，煤岩硬度为F=0.4。其他实验更改实验用标准刨刀中一个结构参数或更改一个工况参数，与基础实验比较分析。

图6-14为实验后脱落的煤块。图6-15为刨削后的假煤壁，从图中可以获知此为刨削深度为25 mm时刨削之后的煤壁。实验准备完毕，开机实验获取基础实验数据，其随时间变化规律如图6-16。

表6-3 工况参数

刨削速度/（$m \cdot s^{-1}$）	刨削深度/mm
1.17	25

图6-14 脱落的煤块

图6-15 刨削后煤壁

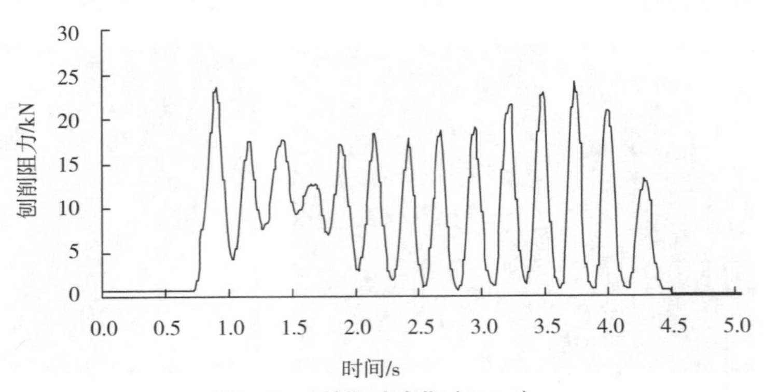

图6-16 刨削阻力变化（F=0.4）

6.2.1　煤岩性质对刨削力影响实验研究

刨刀结构参数和工况参数如表6–2和表6–3，煤岩的硬度F分别为0.4，0.8和1.2，其参数配比关系见表6–1。图6–16给出在煤岩硬度F=0.4时，刨刀刨削阻力随时间的变化曲线，图6–17和图6–18分别为在煤岩硬度F为0.8和1.2时的实验数据。煤岩硬度F=0.4，0.8和12的刨刀刨削煤岩时载荷时间历程曲线见图6–19。观察图6–19可以看出3条曲线波动状态相似，峰值载荷差异明显，波动明显的线段，表明有大块煤脱落。

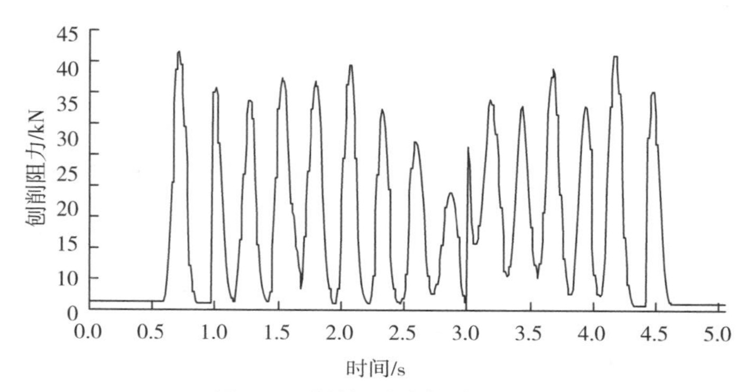

图6–17　刨削阻力变化（F=0.8）

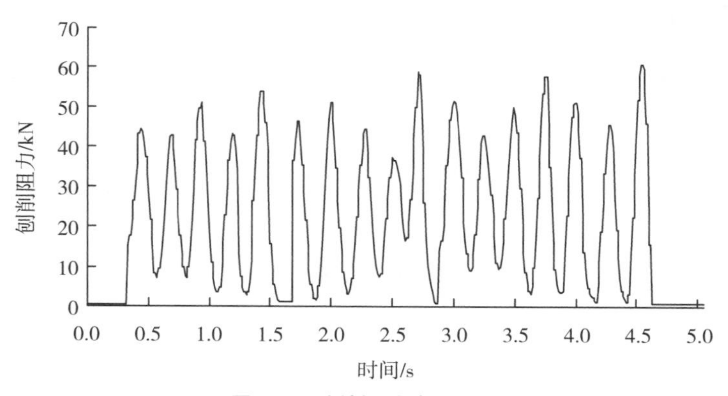

图6–18　刨削阻力变化（F=1.2）

同时观察图6–20，可以看出刨削阻力是随煤岩硬度增加而增加的。计算3组数据各自的阻力均值，并描绘在同一个坐标系下，如图6–18，3个均值点近似在一条直线上。

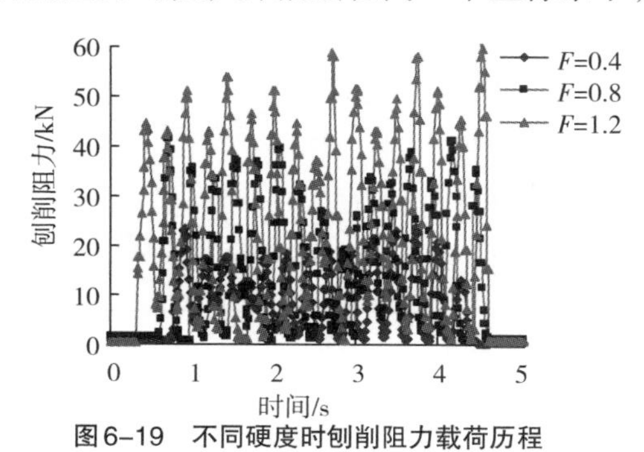

图6–19　不同硬度时刨削阻力载荷历程

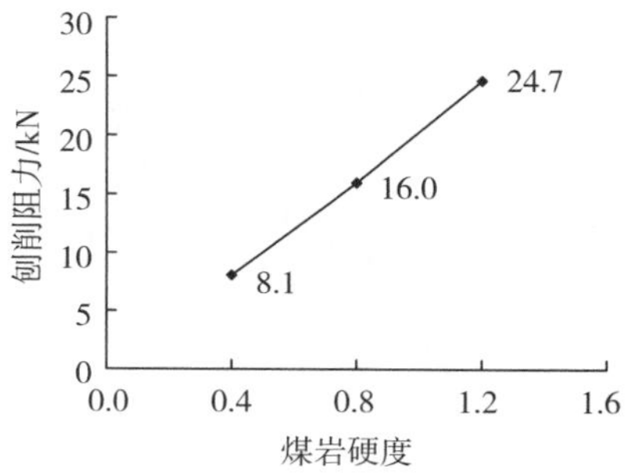

图6–20　平均阻力与硬度变化关系

6.2.2 刨煤机工况参数对刨削力影响实验研究

本节主要研究刨煤机工况参数中刨削速度和刨削深度对刨削阻力的影响，因此选取假煤岩硬度系数F=0.4，刨刀结构参数见表5–6，对刨削速度和刨削深度进行不同数值设置。

6.2.2.1 刨削速度对刨削阻力的影响

设定刨刀刨削深度为25 mm，分别设置刨削速度为0.34 m/s，0.6 m/s和1.17 m/s进行实验。刨速为1.17 m/s时即开始进行基础实验，为减少做重复实验，在之后的实验中相同实验参数的实验都不再进行重复实验，另两组实验完毕后处理在同一个坐标系下比较分析，结果如图6–21。从图中可以看出3组刨削阻力的均值几乎相同，通过计算获得阻力均值描点图，如图6–22，可以直观的表达出阻力均值近似相等关系，表明刨削速度对刨削阻力影响非常小。而在图6–21中，可以观察出阻力的波动频率是随速度的增加而增加的。

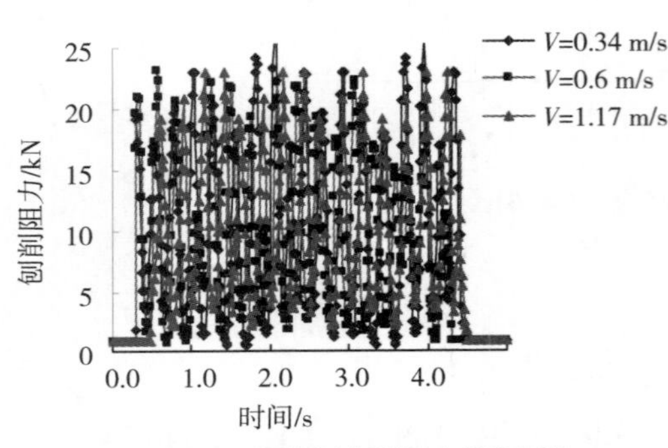

图6–21 不同刨速刨削阻力载荷历程

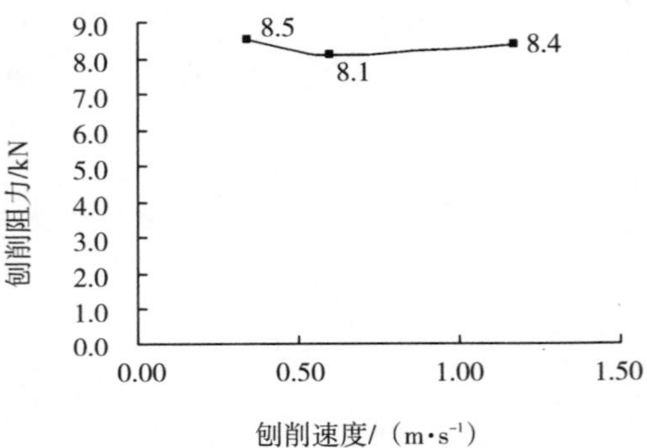

图6–22 平均阻力与刨速变化关系

6.2.2.2 刨削深度对刨削阻力的影响

设定刨削速度为1.17 m/s，分别设置刨削深度为20 mm，25 mm和30 mm，实验后获得数据曲线如图6–23。可以明显看出刨削深度为30 mm时，刨刀承受的刨削阻力最大。刨削深度20 mm时刨削阻力最小。图6–24为3组实验所得刨削阻力均值散点图，刨削阻力均值随刨削深度增加而增加，并且刨削深度对刨削阻力的影响呈线性关系。

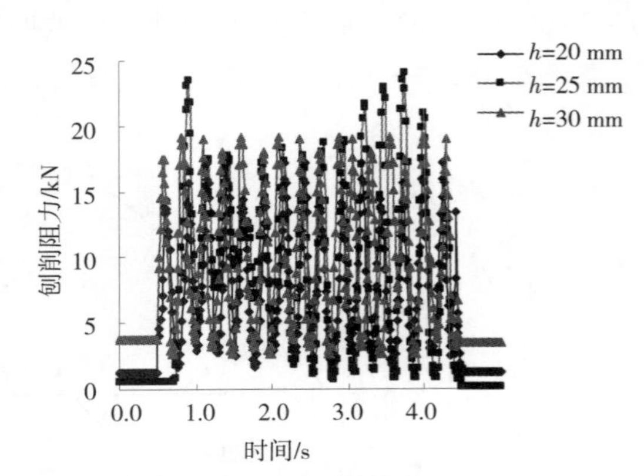

图6–23 不同刨深刨削阻力载荷历程

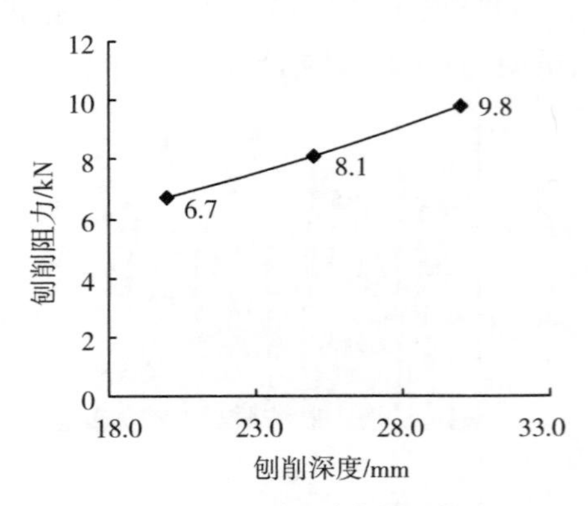

图6–24 平均阻力与刨深关系

6.2.3　刨刀结构参数对刨削力影响实验研究

本节主要研究刨刀结构参数对煤岩破碎特性的影响，即表6–2中参数对刨削阻力的影响，假煤壁硬度系数F=0.4，工况参数设置如表6–3。

6.2.3.1　刨刀前角对刨削阻力的影响

制作3把刨刀，其前角分别为10°，20°和30°，其他结构参数如表6–2。每次刨头上只安装3种刨刀中的一种并且只安装1把，分别进行刨削假煤壁实验，获得实验数据，其中前角为20°时，由于和6.2节实验参数设置相同，采用基础实验数据，见图6–16，数据处理后获得实验结果如图6–25。图6–26为3次实验平均刨削阻力值的散点图。在图6–25和图6–26中，刨削阻力随前角的增加而减小。

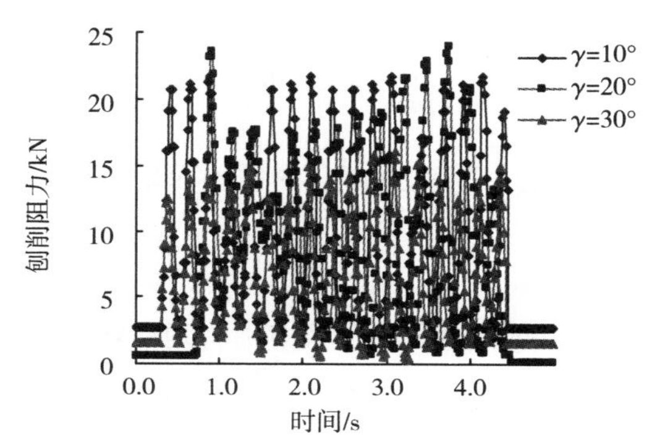

图6–25　不同刨刀前角刨削阻力载荷历程

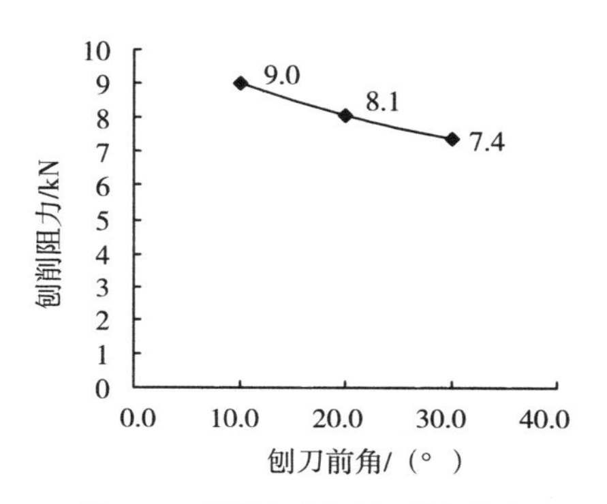

图6–26　平均阻力与刨刀前角关系

6.2.3.2　刨刀后角对刨削阻力的影响

同样制作3把刨刀，后角分别为7°，9°和11°，其他结构参数见表6.2。分别进行3次实验，获得实验数据。数据处理后，如图6–27。图6–28为3次实验刨削阻力均值的散点图，根据最小路径原则使用一条曲线将各点近似连接在一起，如图6–28，刨刀后角增大，刨削阻力减小，但后角太大就会致使刀尖处较薄弱，降低刀尖处的强度，增加磨损速度。

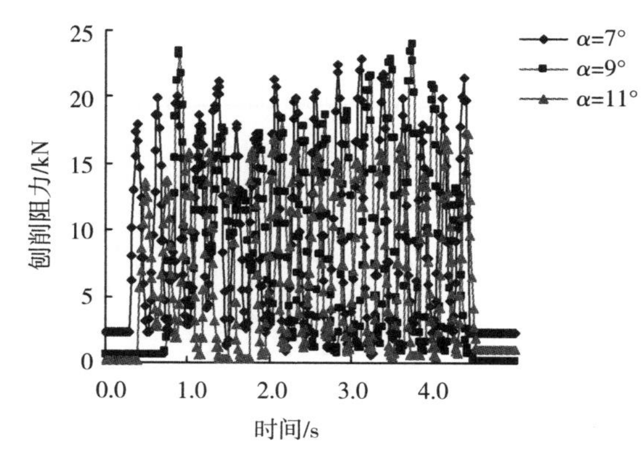

图6–27　不同刨刀后角时刨削阻力

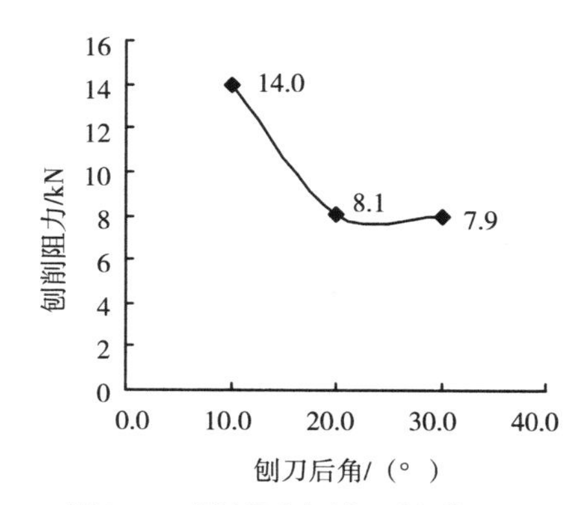

图6–28　平均阻力与刨刀后角关系

6.2.3.3　刨刀宽度对刨削阻力的影响

选用的刨刀宽度分别为20 mm，25 mm和30 mm。分别进行刨削假煤壁实验，获得实验数据如图6–29和图6–30。

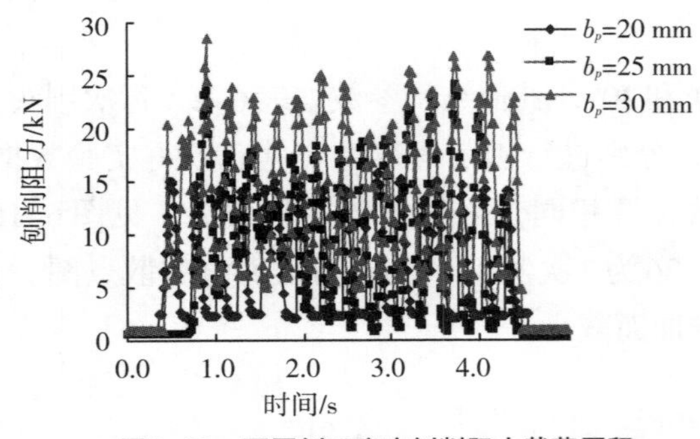

图6–29　不同刨刀宽度刨削阻力载荷历程

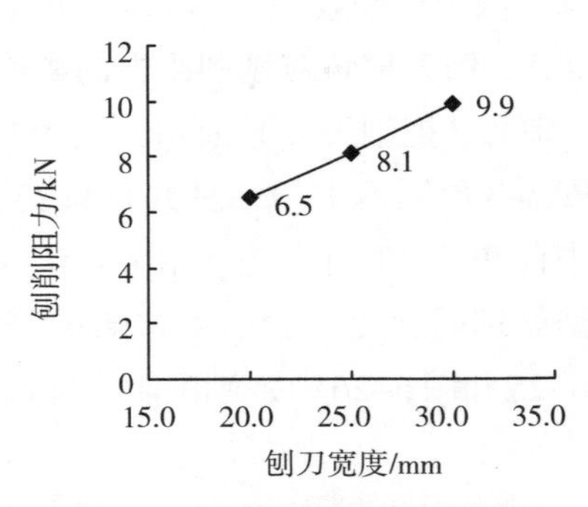

图6–30　平均阻力与刨刀宽度关系

从图6–29和图6–30中可以看出，刨刀刨削阻力随刨刀宽度的增加而增加，存在一种线性关系。

6.2.3.4　圆柱状合金刀头直径对刨削阻力的影响

目前刨刀计算力学方法都建立在传统刨刀结构上的，没有考虑刨刀圆柱状合金刀头对刨削阻力的影响。所介绍的刨刀由两个合金刀头焊接在刀体上，如果仍然采用原来的力学计算方法，就不能比较准确地反映刨刀的真实受力情况。

本次实验主要研究刨刀合金刀头的直径对刨削阻力的影响，因此选用3种直径的刨刀合金刀头，各个合金刀头的参数见表6–4，其结构如图6–31。其他刨刀结构参数见表6–2。分别进行刨削假煤壁实验，获得实验数据如图6–32和图6–33。

表6–4　合金刀头参数

刨刀刀号	合金刀头长度/mm	合金刀头直径/mm	刀尖锥度/（°）
No.1	30	20	77
No.2	30	16	77
No.3	30	12	77

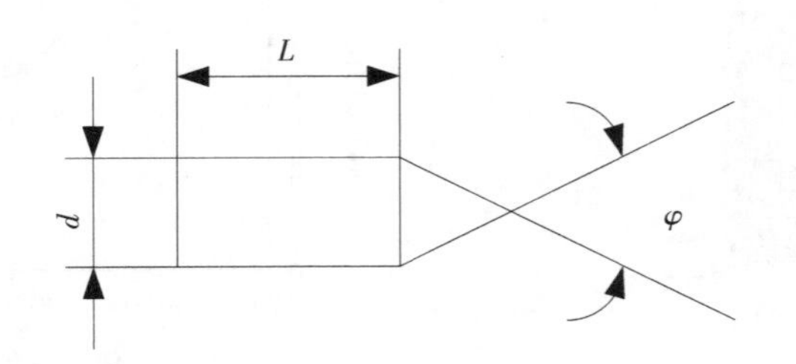

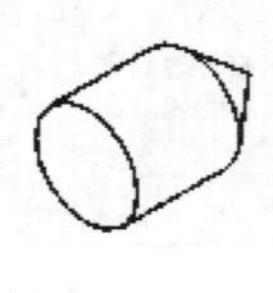

图6–31　合金刀头结构

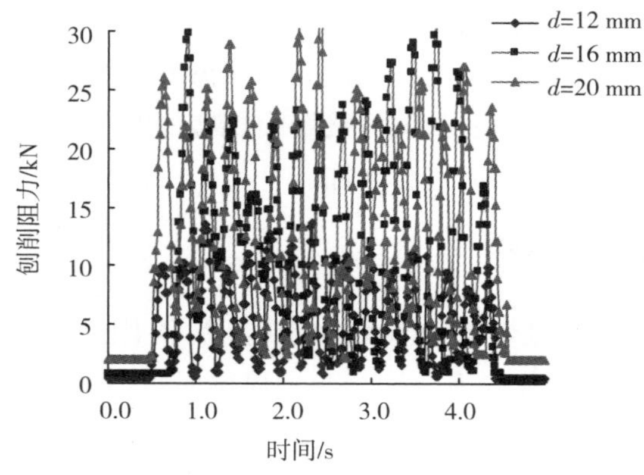

图6-32　不同合金刀头直径刨削阻力载荷历程

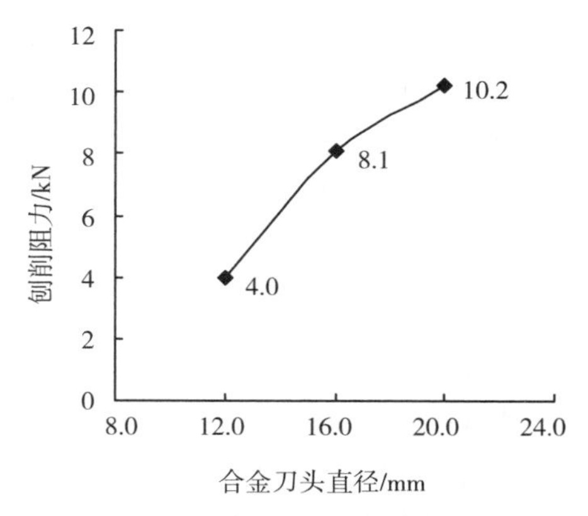

图6-33　平均阻力与合金刀头直径关系

实验表明合金刀头直径的尺寸对刨削阻力是存在影响的，从图6-32和图6-33可以获知刨削阻力随合金刀头直径增大而增加。3组数据的阻力平均值变化趋势如图6-33，合金刀头直径增加过程中，刨削阻力增长的趋势减缓，即通过散点拟合的曲线斜率随合金刀头直径增加而减小。

6.2.3.5　圆柱状合金刀头刀尖锥度对刨削力的影响

通过合金刀头直径与刨削阻力的实验，可以发现圆柱状合金刀头的结构参数对实验数据具有很大影响，而合金刀头另一个极为重要的参数为刀尖锥度，如图6-31，这里将继续通过实验研究合金刀头的刀尖锥度对刨削阻力影响关系，刨刀各结构参数如表6-2，合金刀头各结构参数如表6-5。分别进行刨削假煤壁实验，获得实验数据，见图6-34和图6-35。

表6-5　合金刀头的各结构参数

刨刀刀号	合金刀头长度/mm	合金刀头直径/mm	刀尖锥度/（°）
No.1	30	16	85
No.2	30	16	77
No.3	30	16	69

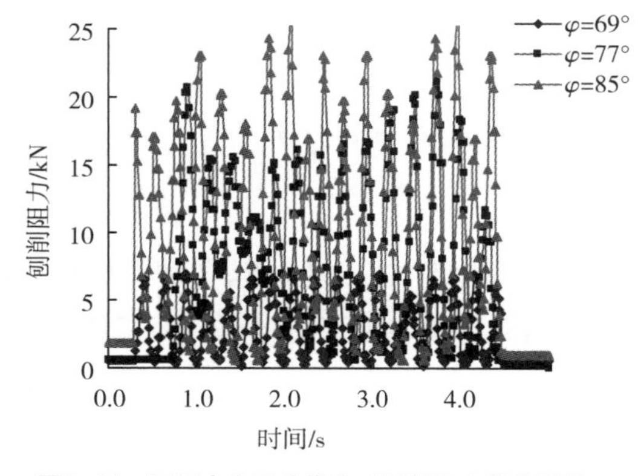

图6-34　不同合金刀头锥度时刨削阻力载荷历程

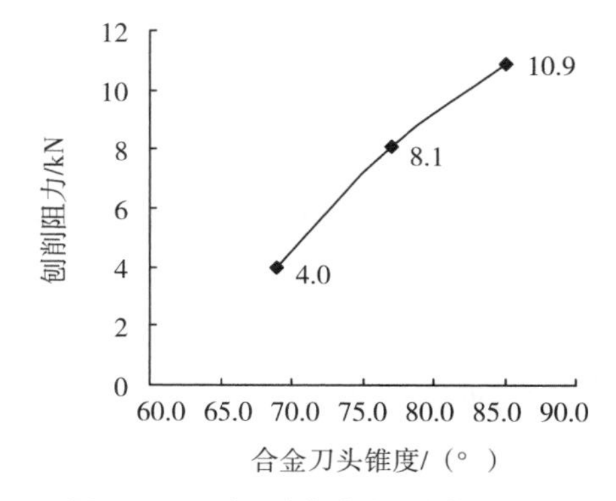

图6-35　平均阻力与合金刀头锥度关系

通过实验，表明合金刀头锥度和合金刀头直径对刨刀的刨削阻力具有相同影响趋势，即直径增大会引起刨刀刨削煤岩时截面接触面积增大，从而导致摩擦力增加，刨削阻力随之增加；而合金刀头锥度增加，使刨刀刨削煤岩时截面接触面积增加的同时，也会降低刨刀与煤岩接触处的应力集中，因此，刨削阻力也会增加。

6.2.4 刨煤机结构参数对刨削力影响实验研究

之前的实验都是单把刨刀的实验，而实际的刨煤机工作面，刨头上是多把刨刀的集合，共同作用于煤岩，多个刨刀刨削煤层时，相邻刨刀分别会受到煤层崩落角的影响。在这一小节里，将通过实验研究刨刀刀间距对刨头刨削阻力的影响，并且选择合适刨刀间距，在相同刨刀间距条件下研究刨刀排列方式对刨头刨削阻力的影响。刨刀的排列方式有3种：直线式、阶梯式以及混合式。直线式排列是指所有刨刀的轴线之间相互平行，都平行于底板。刨刀之间距离相等，相邻刨刀都在同一直线上。这种布置方式刨刀受力均匀，能耗比较低。阶梯式排列是指相邻刨刀轴线之间相互平行，但在同一斜面上呈阶梯状，下排刨刀位置比上排刨刀超前，因此，每把刨刀都会承受煤岩所施加的作用力。其优点为刨头重心较低，稳定性较好，但比刨削能耗要比直线式排列高约17%。混合式排列是指刨头上的刨刀一部分按直线排列，一部分按阶梯式排列。

刨刀结构参数如表6–2，假煤壁煤岩硬度F=0.4，刨头工作速度设定为1.17 m/s，刨削深度设定为25 mm。图6–36为刨刀间距，图6–37为刨刀排列方式。

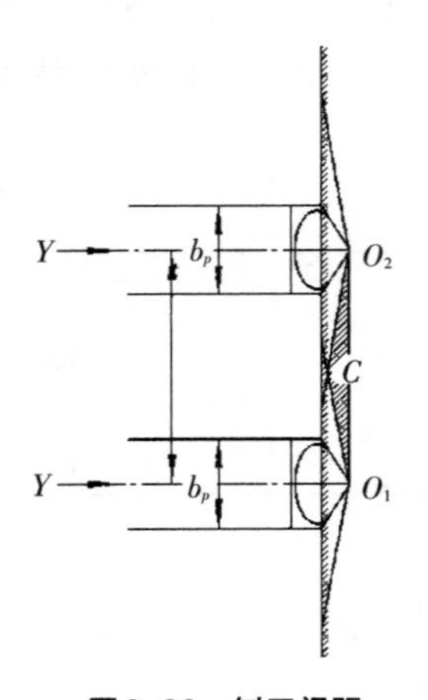

图6–36 刨刀间距

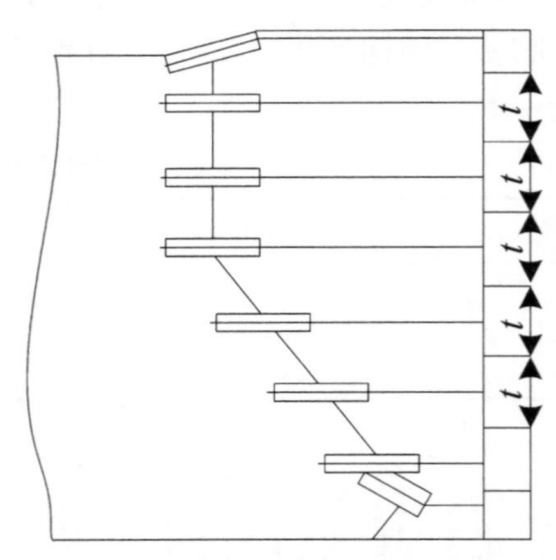

图6–37 刨刀排列方式

6.2.4.1 刨刀间距对刨削阻力影响实验研究

研究刨刀间距对刨削阻力的影响时，采用直线形排列，分别取刀间距t=68 mm，t=90 mm和t=120 mm时得到刨头处的刨削阻力曲线如图6–38以及第4把（从上往下）刨刀的合力曲线如图6–39。

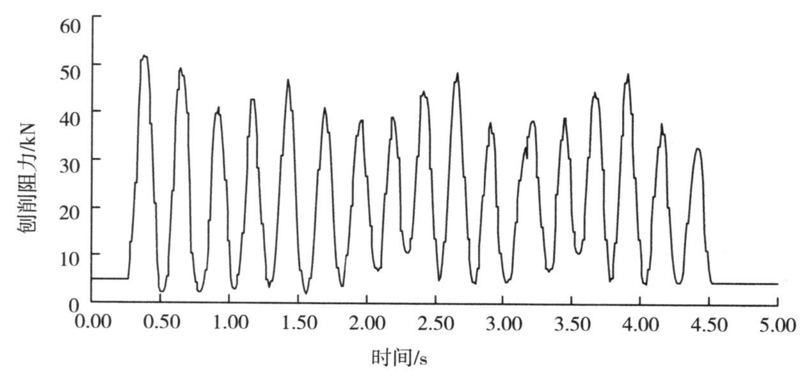

图6-38 刀间距$t=68$ mm时刨头阻力

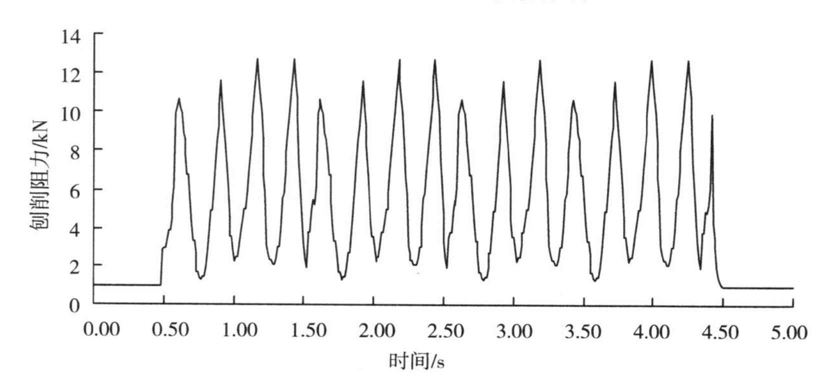

图6-39 刀间距$t=68$ mm时第4把刨刀

观察图6-38、图6-40、图6-41的实验数据曲线，可发现刨头阻力随着刨刀间距增加而增大，3组数据的阻力平均值变化趋势如图6-41，随着刀间距的增加，曲线斜率逐渐减小，阻力虽然依旧增加，但是增加趋势减缓。比较图6-42和图6-16，刀间距为68 mm，90 mm和120 mm时的第4把刨刀所受阻力比同样结构参数时单把刨刀的刨削阻力小很多，而且变化趋势为逐渐逼近某个额定值。从图6-16中看出，安装一把刨刀，位置与多把刨刀第4把刨刀位置相同，单把刨刀刨削阻力小于多把刨刀第4把刨刀刨削阻力，因此图6-43的刨刀阻力是≤8.1 kN。证明刨刀以刀组方式安装在刨头上工作时，其受力条件可以获得改善。

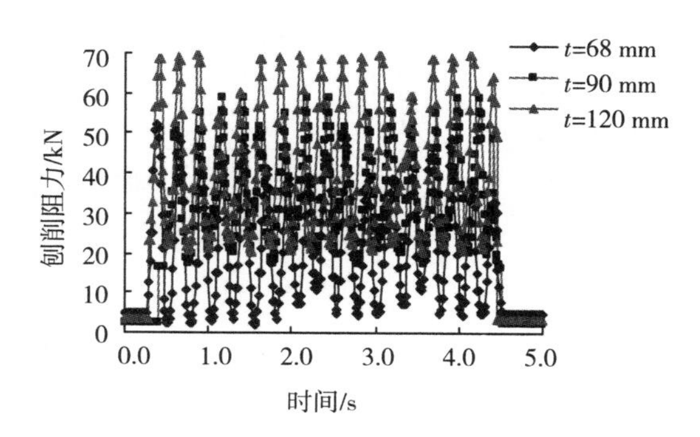

图6-40 不同刀间距刨头阻力载荷历程

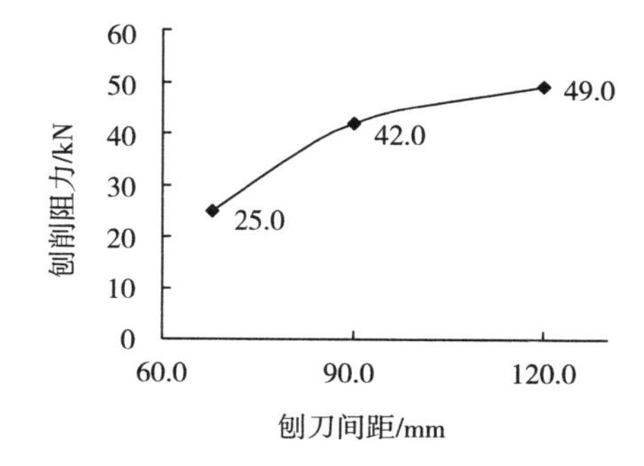

图6-41 平均阻力与刨刀间距关系

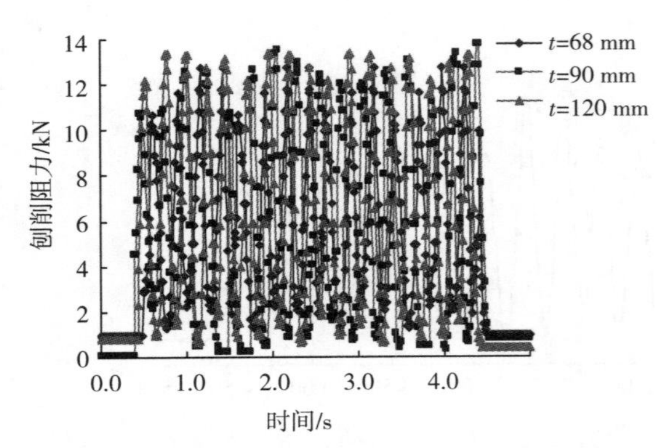

图6-42　不同刀间距时第4把刨刀阻力载荷历程

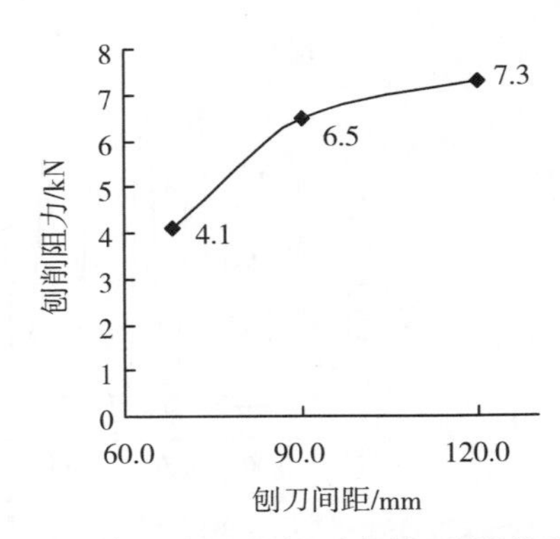

图6-43　第4把刨刀平均阻力与刨刀间距关系

6.2.4.2　刨刀排列方式对刨削阻力影响实验研究

本小节研究刨刀排列方式对刨头刨削阻力的影响，前面实验，刨刀排列方式均为直线形排列，现采用阶梯形排列方式进行刨削假煤壁实验，实验曲线如图6-44和图6-45。

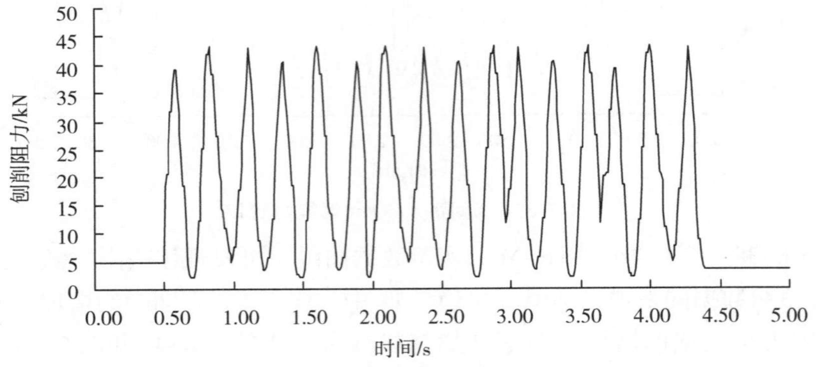

图6-44　阶梯形排列刨头阻力

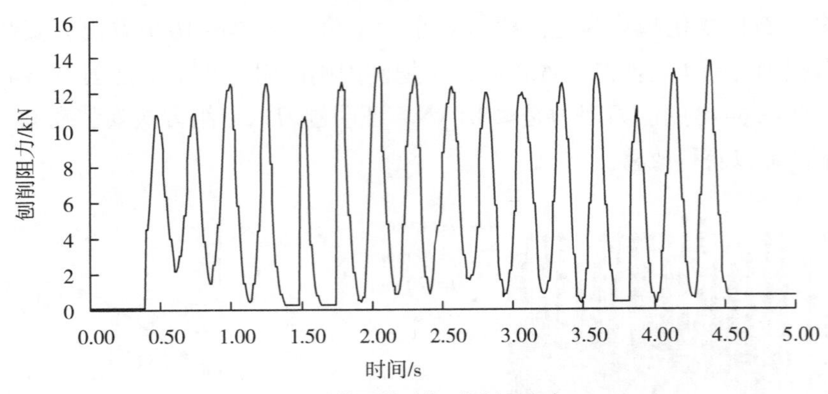

图6-45　阶梯形排列第4把刨刀阻力

将直线形排列的实验结果即图6-40与阶梯形排列实验结果即图6-44相比较可以看出，阶梯形排列刨头所受阻力较小，并且波动也相对较小，受力状态更好一些。比较图6-39和和图6-45中第4把刨刀承受刨削阻力的情况，可以发现阶梯形排列时刨刀受力状况有所改善，目前阶梯形排列已经广泛投入实际使用当中。

6.3 实验结果分析

从实验结果分析来看，刨刀结构参数、煤岩性质、刨煤机结构参数、工况参数等因素均对刨刀阻力存在影响，上文已经说明每种因素对刨削阻力影响的变化趋势，现将实验结果与理论值比较，分析理论力学公式预测刨刀受力的可行性。

有文献介绍标准刨刀单把刨刀的刨削阻力公式为，

$$\bar{X}=Ah(0.3+0.35b_p) \tag{6-7}$$

式中，A为抗切削强度指标，$A=150f$，$f=\frac{\delta_y}{30}+\sqrt{\frac{\delta_y}{3}}$；$\delta_y$为煤体抗压强度；$h$为刨削深度；$b_p$为刨刀刨削部分的计算宽度；$\bar{X}$为刨削阻力。

选取不同刨深和不同刨削宽度时的刨刀阻力实验结果与理论计算值相比较，即把图6-23和图6-29中的实验数据与其计算数值相比较，如表6-6。

观察表6-6刨削阻力计算结果与实验结果可发现，无论刨削深度变化还是刨刀计算宽度变化时，刨削阻力的实验数据比对应计算数据都小，这说明刨刀刨削时承受的刨削阻力理论计算公式与实验结果有差别，但总体变化趋势是相同的。

表6-6 刨削阻力实验结果与理论计算值对照

刨削阻力均值/kN		实验数据/kN	计算数据/kN
刨削深度/mm（$b_p=25$ mm）	20	6.7	9.96
	25	8.1	12.44
	30	9.8	14.93
刨刀宽度/mm（$h=25$ mm）	20	6.5	10.04
	25	8.1	12.44
	30	9.9	14.85

为进一步探索刨削阻力理论计算结果与实验结果之间的差异，将表6-6中计算数据与实验数据放在同一坐标系下进行比较分析，图6-46为刨削阻力均值随刨削深度的变化关系曲线，图6-47为刨削阻力均值随刨刀计算宽度的变化关系曲线。

从图6-46和6-47中可以看出，刨削阻力均值理论值和实验结果都趋近为一条直线，刨削阻力均值理论计算数据变化曲线的斜率比其实验数据所得曲线斜率大。

根据表6-6中的数据得到刨削阻力计算结果与实验结果的差值以及比值如表6-7。

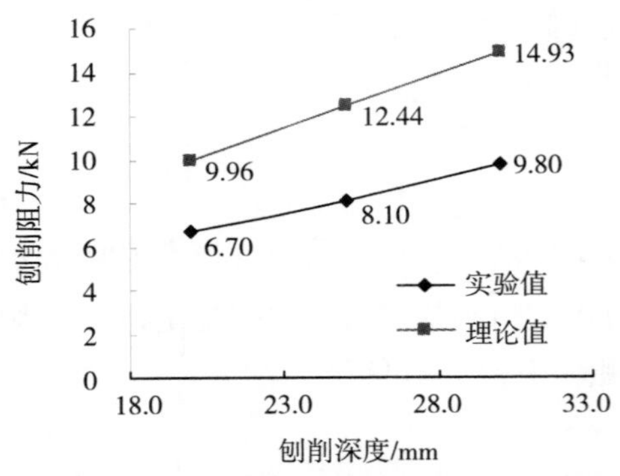

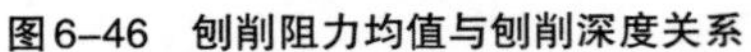
图6-46 刨削阻力均值与刨削深度关系

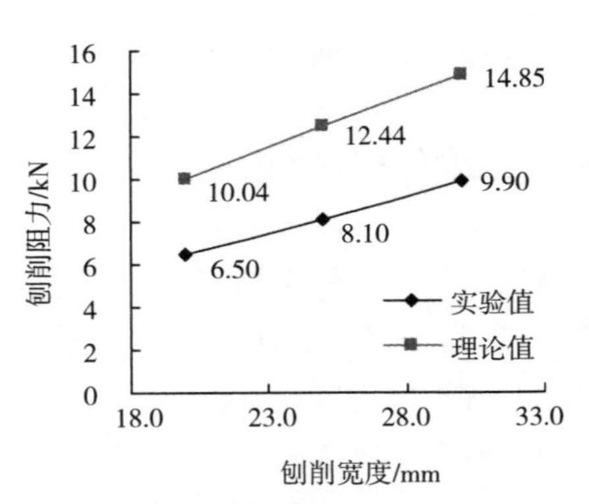

图6-47 刨削阻力均值与刨刀计算宽度关系

表6-7 实验结果与计算结果数据对照

计算处理		差值（X_r-X_s）	比值X_s/X_r
刨削深度/mm（$b_p=25$mm）	20	3.45	0.673
	25	4.34	0.651
	30	5.13	0.656
刨刀宽度/mm（$h=25$mm）	20	3.54	0.647
	25	4.34	0.651
	30	4.95	0.667

表6-7中，当刨刀宽度不变时，对应3种刨深时所得实验结果与计算结果的差值不同，但刨深增量相同时，差值增量也相同；当刨削深度不变时，对应3种刨刀宽度时所得实验结果与计算结果的差值不同，但刨刀宽度增量相同时，差值增量也相同。观察表6-7中实验结果与计算结果的比值，可发现比值在0.65附近波动。

经过分析计算，得到X_s/X_r的均值为0.651，即实验数据可近似用理论计算值与一个数值乘积来表示，这里将该数值设定为k_7。在本次实验系统当中，乘数k_7可能由实验系统的系统误差造成，为研究乘数k_7除了系统误差外，是否受到其他因素影响，计算6.2节所获实验数据与相应计算结果的比值，如表6-8。

表6-8 数据比值

实验项目		比值X_s/X_r	实验项目		比值X_s/X_r
煤岩硬度	0.4	0.651	刨削速度/（$m\cdot s^{-1}$）	0.34	0.658
	0.8	0.668		0.60	0.662
	1.2	0.647		1.17	0.651
合金刀头直径/mm	12	0.321	合金刀头锥度/（°）	69	0.321
	16	0.651		77	0.651
	20	0.820		85	0.876

表6–8中实验数据，是在同一实验系统中进行的实验，其系统误差影响可认为相同。参考表6–7和表6–8，只有刨刀合金刀头直径和锥度对刨削实验结果与计算结果的比值影响较大，其他参数对比值影响很小。因此，实验结果与计算结果比值，即k_7受到刨刀圆柱状合金刀头的影响。针对此次所进行的实验，刨削阻力计算时，应在式（6–7）前面乘以这个比值。可以写为

$$\bar{X}=k_7Ah(0.3+0.35b_p) \tag{6–8}$$

将6.2.3节中合金刀头直径和合金刀头锥度实验的刨削阻力实验结果与其计算结果相比较，直观观察，其结果如表6–9。

表6–9 不同合金刀头结构尺寸刨削阻力的计算结果与实验结果

刨削阻力均值/kN	合金刀头直径/mm			刀尖锥度/（°）		
	12	16	20	69	77	85
实验值	4.0	8.1	10.2	4.0	8.1	10.9
计算值	12.443 8	12.443 8	12.443 8	12.443 8	12.443 8	12.443 8

式（6–7）为非圆柱状合金刀头的刨刀刨削阻力计算公式，理论上合金刀头形状变化时，刨削阻力是不变的。实验结果表明，当刨刀采用圆柱状合金刀头时，可以发现在其他结构参数相同情况下，带有圆柱状合金刀头的刨刀和非圆柱状合金刀头的刨刀刨削阻力明显不同。而且，合金刀头结构参数变化会引起刨刀刨削阻力的变化。因此，采用式（6–7）计算本实验中带有圆柱状合金刀头的刨刀刨削阻力是不妥的。

6.4 小结

通过自行研制的刨煤机实验台进行刨削煤岩实验，获得了单个刨刀随煤岩性质、刨刀结构参数和刨煤机工况参数变化时的载荷时间历程曲线，同时获得了刨头刨削阻力随刀间距和刨刀排列方式变化的载荷曲线。分析了各种因素对刨煤机刨削煤岩力学性能的影响规律。对比带有圆柱状合金刀头刨刀刨削力实验结果与刨刀刨削力计算数据，证明合金刀头对刨刀受力存在影响。

7 刨煤机刨刀优化设计

优化设计是一种规格化的设计方法，它首先要求将设计问题按优化设计所规定的格式建立数学模型，选择合适的优化方法及计算机程序，然后再通过计算机的计算，自动获得最优设计方案。本章是在前几章分析的基础上进行刨刀多目标优化设计。首先分析了多目标优化理论，运用MATLAB编制优化程序，对刨刀进行多目标优化设计。并应用CAE软件对刨刀进行多目标优化。实际工作中的刨刀，由于是异种金属焊接，焊缝处最薄弱，由前面章节内容的分析可知，刨刀受力除了与煤层性质有关外，还与自身的结构参数有关。因此，设计刨刀时，为提高刨刀使用寿命，应使焊缝处的应力最小。同时，为评价刨削破碎过程的能量利用率，引入单位能耗来衡量刨落单位体积的煤所消耗的能量。本章在一定煤层地质条件和合理假设前提下，满足各种约束条件，以刨刀焊缝处的应力最小和单位能耗最小为目标对刨刀进行多目标优化设计。

7.1 多目标优化理论分析

进化算法是在模拟对生物进化过程中演化得到的，它以达尔文的进化论思想为基础，通过模拟生物进化过程与机制的求解问题的自组织、自适应的人工智能技术。生物进化是通过繁殖、变异、竞争和选择实现的；而进化算法则主要通过选择、重组和变异这3种操作实现优化问题的求解。

7.1.1 多目标优化问题数学描述

对多目标优化问题（MOP）进行数学定义，其定义如下：一般MOP由n个设计变量、k个目标函数和m个约束条件组成，数学表达如下，

$$\begin{cases} \max\limits_{s.t.}\min y=f(x)=[f_1(x),f_2(x),f_3(x),\cdots,f_k(x)] \\ e(x)=\left[e_1(x),e_2(x),e_3(x),\cdots,e_m(x)\right]\leqslant 0 \\ x=\left(x_1,x_2,x_3,\cdots,x_n\right)\in X \\ y=\left(f_1,f_2,f_3,\cdots,f_k\right)\in Y \end{cases} \tag{7-1}$$

式中，x为优化设计变量；y为优化目标函数；X为设计变量x对应的决策空间；Y为目标函数y对应的目标空间；通过约束条件$e(x)\leqslant 0$可确定设计变量可行的取值范围。

把各个子目标函数统一转化为最小化或最大化，下列式子为将最大化转化为最小化的表达式

$$\max f_k(X)=-\min\left(-f_k(X)\right) \tag{7-2}$$

因此，多目标优化问题的不同表达形式就可以通过转换，获得统一的表达形式，即，

$$\min y=f(x)=\left[f_1(x),f_2(x),f_3(x),\cdots,f_k(x)\right] \tag{7-3}$$

7.1.2 基于Pareto的多目标优化解集

对于单目标优化问题，只存在一个目标函数，只需要对这个单一函数求解并搜索出最优解，该最优解就是全局最优解。然而，针对多目标优化求解时，由于同时求解的多个目标函数之间经常存在某种矛盾，相互联系也相互制约，对于某一个特定的目标函数所求得的最优解，未必会是全局最优解。在求解多目标优化时，得到的是一组解的集合，再通过每个目标函数重要性权重，综合分配求解一组最佳解集合，该集合中的解都要求满足：在改进任何一个目标函数的同时不削弱其他目标函数，即非支配解或Pareto最优解，定义如下：

定义1：多目标优化的目标函数为$f_k(X)$，其最优解X^*定义为，

$$f_k(X)=\underset{X\in\Omega}{\operatorname{opt}}f_k(X) \tag{7-4}$$

式中，f_k：$\Omega\to R^r$，这里Ω为满足约束条件的可行解。

定义1：只是Pareto最优解的一般情况描述，下面的定义能够更好的表达了Pareto最优解的含义。

定义2：给定一个多目标优化问题$\min f_k(x)$，称$X^*\in\Omega$是最优解，若$\forall X\in\Omega$，满足下列条件，

$$\underset{k\in K}{\wedge}\left(f_k(X)=f_k(X^*)\right)$$

或者至少存在一个$j\in K,K=\{1,2,3,\cdots,r\}$，使$f_j(x)>f_j(X^*)$，其中$\Omega$为满足约束条件的可行解。

7.1.3 Pareto支配关系

多目标个体之间非常重要的一种关系，叫作支配关系。支配关系定义：设p和q是进化群体POP中的任意两个不同的个体，称p支配q，则必须满足下列两个条件：①对所有的子目标，p不比q差，即，(k=1，2，…，r)；②至少存在一个子目标，使p比q好，即$l\in\{1,2,\cdots,r\}$，使$f_l(p)<f_l(q)$。其中r为子目标的数量。值得说明的是，决策空间中的支配关系与目标空间中的支配关系是一致的，因为决策空间中的支配空间中的支配关系实质上是由目标空间中的支配关系决定的。Pareto最优解是在决策空间中的描述，其在目标函数空间中的表现形式就是它的Pareto最优边界（Pareto front）。这里需要注意，通常所说的Pareto最优解集指的是在变量空间，其在目标函数空间中的表现形式就是它的Pareto最优边界。

7.1.4 多目标进化算法的一般步骤

多目标进化算法的基础是进化算法，它的处理对象是多目标优化问题，图7-1是一类基于Pareto的多目标优化算法的一般流程，称之为MOEA优化流程。

首先产生一个初始种群P，接着选择某个进化算法（这里以遗传算法为例）对P执行进化操作（如交叉、变异和选择），得到新的进化群体R，然后采用某种策略构造PÈR的非支配集NDSet，一般情况下在设计算法时已设置了非支配集的大小N，若当前非支配集NDSet的大小大于或小于N时，需要按照某种策略对NDSet进行调整，调整时一方面使NDSet满足大小要求，同时也必须使NDSet满足分布性要求，之后判断是否满足终止条件，若满足终止条件，则结束，否则将NDSet中的个体复制到P中并继续下一轮进化。在设计多目标进化算法时，一般用进化代数来控制算法的运行。

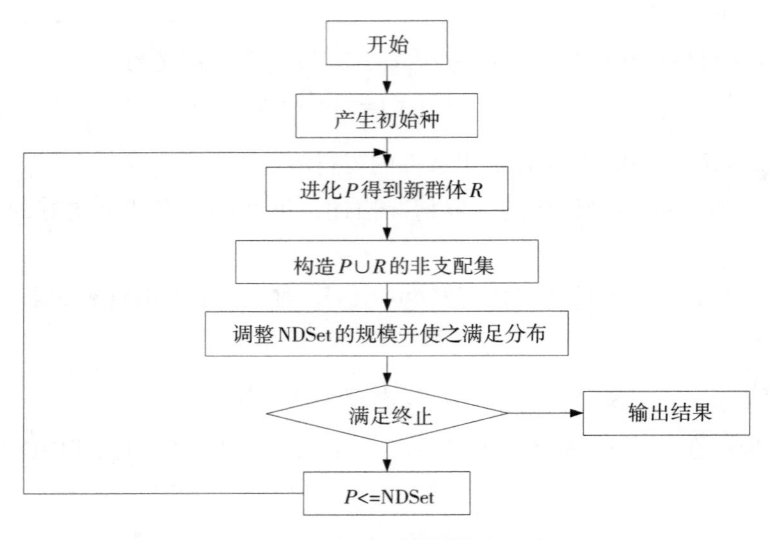

图7-1 MOEA的基本框架

在MOEA中，保留着上一代非支配集，并使其参入新一代的多目标进化操作是十分重要的，这就好像是在进化算法中保留着上一代的最优个体，从而使新一代的非支配集优于上一代，这就是算法收敛的必要条件。像这样，逐代地进化下去，进化群体的非支配集逐次逼近真正的最优边界，最终得到令人满意的解集。

从传统的角度来求解多目标优化问题都是先把多个目标函数转换为单一目标函数，再求解函数最优解即可，这样就把多目标优化问题转换为单目标优化。但是这样处理无疑引入了人为主观因素。基于进化算法的多目标优化算法在求解实际工程优化问题时，对工程背景经验知识要求较低，一次运行就可获得成组的Pareto最优解。带精英策略的快速非支配排序遗传算法计算复杂度低，同时不需要人为指定共享半径，因此，已经成为多目标进化算法的基准算法之一，并在各种复杂的工程优化问题的求解中得到成功应用。基于此，选择NSGA-2算法对刨刀进行多目标优化。

7.2 NSGA-2算法原理及过程

以往的设计方法仅是根据经验和结构需要，在几种方案中选择较佳方案。但在选择时，往往缺少明确的评价指标，又不可能进行大量的计算，只能选择一个满足设计要求的相对较优方案，且加入了一些人为的因素，影响计算结果，而NSGA-2算法避免了此缺点。

7.2.1 快速非支配排序方法的原理

NSGA-2改进了第一代算法非支配排序算法，每个个体i都含有两个参数n_i与s_i。n_i表示在种群中的支配个体i的解个体数量，s_i表示个体i支配的解个体集合。

首先，找到种群中所有n_i为零的个体，将它们存入当前集合F_1，然后对于当前集合F_1中的每个个体j，考察它所支配的个体集s_j，将集合s_j中的每个个体k的n_k减去1，即支配个体k的解个体数减1（因为支配个体k的个体j已经存入当前集F_1），如果n_k-1=0则将个体k存入另一个集H。最后，把F_1当作第一级的非支配个体的所有集合，同时也赋予这个集合中的所有个体都有一个相同的非支配序i_{rank}，然后再继续对集H做分级操作并且赋予了相应的非支配序，一直到所有的个体都完全被分级。

非支配排序的具体过程如下：

（1）假设有种群P，对种群P中的每一个个体i，令$S_I=\varphi$，$n_i=0$。

（2）对于种群P中的每一个个体j，若i支配j，则$s_i=s_i\cup\{j\}$，否则，$n_i=n_i+1$若$n_i=0$，则i_{rank}=1，；$F_1=F_1\cup\{i\}$。

（3）P=1（P为非支配层数，初始值为1），当$F_p\neq\varphi$时，$H=\varphi$，对每个$i\in F_p$，对每个$j\in s_i$，有$n_j=n_j-1$；若$n_j=0$，则$j_{\text{rank}}=P+1$；$H=H\cup\{j\}$；当P=P+1时，$F_P=H$。

7.2.2 拥挤度概念

在NSGA中，通过共享函数实现种群多样性保护，但这需要决策者指定共享半径σ_{share}，为了解决该问题，Deb等人提出了拥挤度的概念。拥挤度就是指种群中的给定点的周围个体的密度，用i_d表示，它指出了在个体i周围包含个体i本身但不包含其他个体的最小长方形，如图7-2。

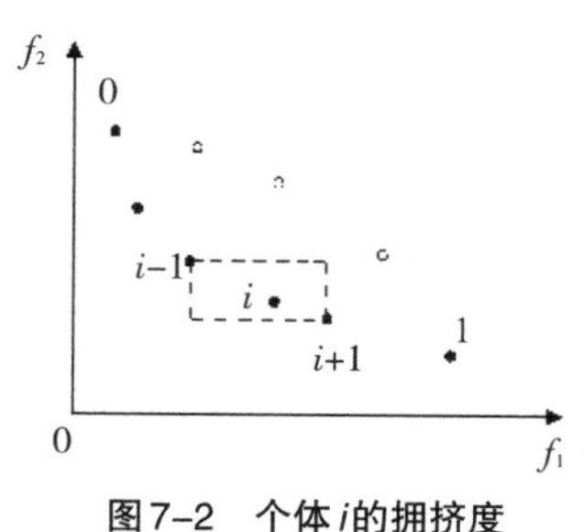

图7-2　个体i的拥挤度

拥挤度的计算原理如下：

（1）设种群中非支配解集为I，令$l=|I|$（l表示集合I中解个体的个数）。

（2）针对个体i，将初始拥挤度的值设置为0。

（3）针对目标函数m，需要对I中的每个个体来进行非支配的排序，这样就可以得到每个个体i的拥挤度值$I[i]m$。

（4）给定$I[1]_{\text{distance}}=I[l]_{\text{distance}}=\infty$，这样可以使边界上的点能被其他所有点选择到。

（5）$I[i]_{\text{distance}}=I[l]_{\text{distance}}+\left(I[i+1]m-I[i-1]m\right)/\left(f_{m\max}-f_{m\max}\right)$，$i$从2到$l-1$开始循环。

拥挤度算法的复杂性取决于排序的复杂性。

7.2.3 拥挤度比较算子

从拥挤度的计算公式中得，当i_d比较小时，针对该个体所获得的解周围比较拥挤。为了防止这种算法早熟现象产生，以便维护种群多样性，并确保该算法能够收敛到均匀分布Pareto面，需要建立一个拥挤度的比较算子。

经过非支配排序和拥挤度计算，在群体中每个个体i都获得双重属性，即非支配序i_{rank}和拥挤度i_d。若拥挤度的比较算子定义为P_n，那么比较个体优劣的依据是：$i\prec_n j$，代表个体i比个体j好。如果满足条件$i_{\text{rank}}<j_{\text{rank}}$，或者满足条件$i_{\text{rank}}=j_{\text{rank}}$且$i_d>j_d$时，代表个体$i$比个体$j$效果好。即：若两个个体的非支配排序序号不同，则取排序号较小的个体作为优秀个体；当两个个体同级时，则取周围密度较大，不拥挤的个体作为优秀个体。

7.2.4 NSGA-2算法主流程

相对于基本遗传算法，NSGA-2算法增加了非支配排序，其基本流程如下：

首先，随机产生一个父代种群P_0，然后对该种群中每一个个体排序，排序方式即为非支配关系排序，同时，需要指定一个适应度值。所指定适应度值应满足与其非支配序i_{rank}相等，最佳适应度值为1，2则次之，余下的依此类推。然后利用基本遗传算法产生下一代种群Q_0，种群大小为N，其中包括选择、交叉、变异算子等。

以第t代种群为例，进行NSGA-2算法主流程介绍：

$R_t=P_t\cup Q_t$ \\结合第t代的父代种群以及其子代种群。

$F=\text{sort}(R_t)$ \\对R_t进行非支配排序，sort是非支配排序算子。

$P_{t+1}=\varphi$

从$i=1$开始，计算F_i中个体的拥挤度。

$P_{t+1}=P_{t+1}\cup F_i$，$i=i+1$

直到$|P_{t+1}|+|F_i|\leqslant N$

$\text{sort}\left(F_i,\prec_n\right)$

$P_{t+1}=P_{t+1}\cup F_i\left[1:\left(N-|P_{t+1}|\right)\right]$

$Q_{t+1}=\text{new}\left(P_{t+1}\right)$ \\利用遗传算子产生新的种群。

$t=t+1$

如图7-3，第一步将种群Q_t与种群P_tQ_t第t代产生的新种群Q_t与父代种群P_t合并组成R_t，种群大小为$2N$。再对R_t进行了非支配的排序操作，使其产生了一系列的非支配解集F_i并且计算其拥挤度。因为其中包括子代与父代的个体，经过非支配排序后的非支配解集F_1中的所包含个体当然是R_t中最好的，则先把F_1放到新的P_{t+1}中。如果F_1小于N，即是说它不能填满P_{t+1}，那么对于F中的剩下个体则继续进行非支配排序，得出下一级的非支配级F_2，同时填充下一级的非支配级F_2，一直添加到F_3时，种群的数量超过N，此时再对F_3中所有个体进行拥挤度的比较排序即$\text{sort}\left(F_3,\prec_n\right)$，选取前$N-\left|P_{t+1}\right|$个个体，使$P_{t+1}$种群中个体数目达到$N$。然后通过遗传算子（选择、交叉、变异）产生新的子代种群Q_{t+1}。当第一级的非支配级能够足够充满P_{t+1}时，那么就不需要对剩下的个体来继续进行非支配的排序了。

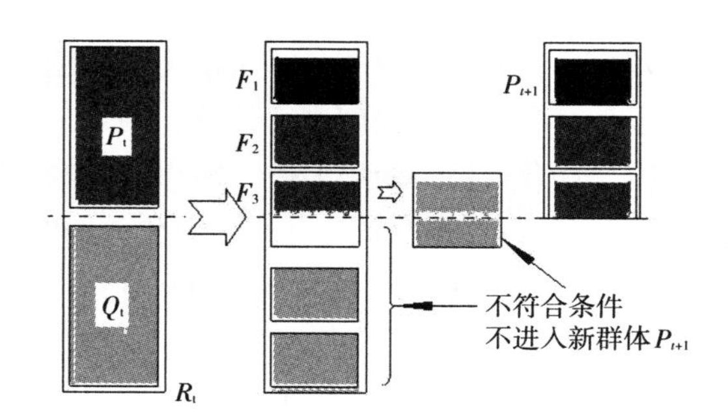

图7-3 NSGA-2新群体构成

NSGA-2算法是最近流行的多目标优化算法，它能够高效地找到各个目标函数的最优值，其计算过程如图7-4。

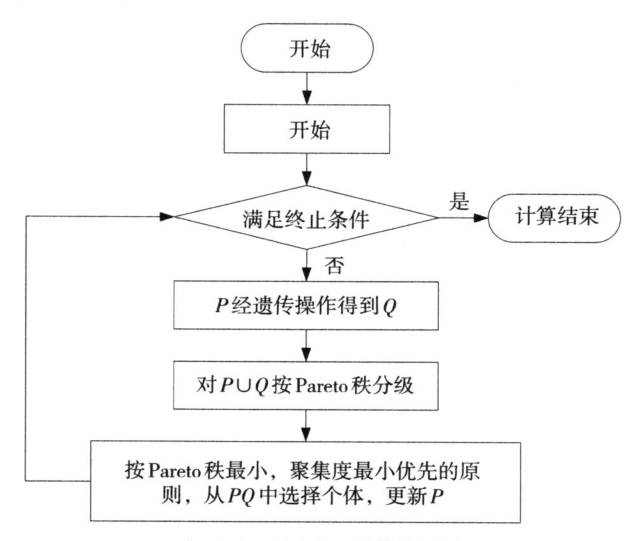

图7-4 NSGA-2计算流程图

通过以上分析，本章建立刨刀多目标优化数学模型，选用NSGA-2算法进行优化，并在MATLAB程序中计算。

7.3 刨刀优化设计数学模型

前面分析了多目标优化理论，本节建立刨刀多目标优化数学模型，并且在MATLAB环境下应用NSGA-2算法对刨刀进行多目标优化。

7.3.1 建立目标函数

刨刀刨削煤岩过程中，刨刀合金刀头的应力随刨削深度和结构参数变化而变化。因此，在给定煤层地质条件和工况条件下，刨刀应力主要取决于刨刀的结构参数，因此将以刨刀焊缝处的应力最小作为其中一个优化目标。

7.3.1.1 刨刀焊缝处应力

刨刀刨削煤岩时，刨刀会承受最大峰值载荷，所以为保证刨刀焊缝处的强度，应用刨刀承受峰值载荷对硬质合金刀头焊缝处强度进行计算。刨刀工作过程中，峰值载荷多发生在刨削碳酸盐硬包裹体。且合金刀尖受力最大，所以设定峰值载荷作用在合金刀头上。现采用三角形载荷分布规律对硬质合金刀头进行加载。如图7-5。其中，X为刨削阻力；Y为煤岩挤压力；Z为侧向力；X，Y，Z 3个力相互垂直。

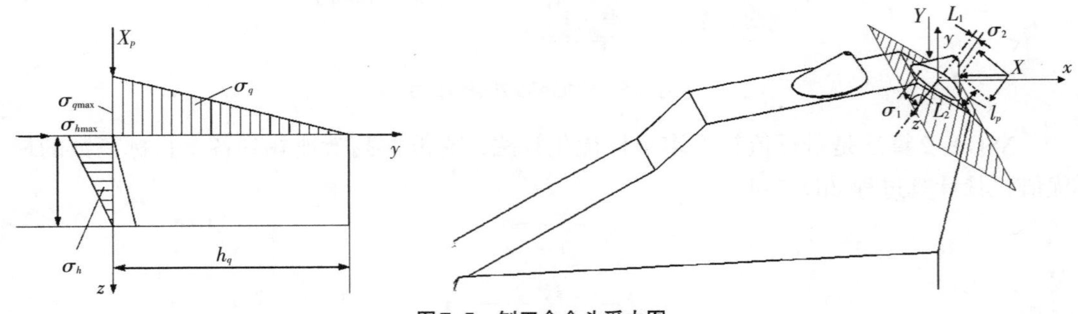

图7-5 刨刀合金头受力图

刨刀沿前刃面与后刃面的最大应力分别为

$$\begin{cases}\sigma_{q\max}=2X_{\max}/(h_{\mathrm{q}}\cdot b_p)\\ \sigma_{h\max}=2Y_{\max}/(h_{\mathrm{h}}\cdot b_p)\end{cases} \tag{7-5}$$

后刃面最大应力变为，

$$\sigma_{h\max}=2K_n(1+1.8S_2)X_{\max}/(h_q\cdot b_p) \tag{7-6}$$

式中，$X_{\max}$，$Y_{\max}$为分别为刨刀前刃面与后刃面上作用的峰值载荷；h_q、h_h为分别为刨刀与煤岩沿前刃面和后刃面的接触高度；K_n为压紧力和锐利刨刀刨削力的比值；b_p为刨刀刨削宽度。

在前刃面和后刃面上各点应力值分别为

$$\begin{cases}\sigma_{qi}=\sigma_{q\max}(h_q-h_x)/h_q\\ \sigma_{hi}=\sigma_{h\max}(h_h-h_y)/h_h\end{cases} \tag{7-7}$$

式中，h_x，h_y为分别为前刃面和后刃面上各点坐标值。

分析计算焊缝处应力时，把硬质合金刀头当作弹性基础梁，因为刨削阻力X产生的纵向拉应力和与焊接加工时产生的残余应力可使弹性基础梁发生破坏，因此刨刀工作应力σ_H应小于其许用应力$[\sigma_H]$，即，

$$\sigma_H \leqslant [\sigma_H]=\sigma_{1\max}+\sigma_{2\max} \leqslant [\sigma_H] \tag{7-8}$$

式中，$\sigma_{1\max}$为刨削力峰值产生的弯曲拉应力；$\sigma_{2\max}$为焊接后的残余应力。

合金头前刃面的表面最大应力$\sigma_{1\max}$和焊接下方刀身上的表面最大应力$\sigma_{2\max}$可由式（7–9）确定。

$$\begin{cases}\sigma_{1\max}(Y)=P_yL_{1\max}/[J_1(Y)+(E_2/E_1)J_2(Y)]\\ \sigma_{2\max}(Y)=P_yL_{2\max}/[(E_1/E_2)J_1(Y)+J_2(Y)]\end{cases} \tag{7-9}$$

式中，L_1和L_2为从合金头断面中性轴到计算处的距离；J_1（Y），J_2（Y）为合金头横断面上的和刀身对自身中心轴的惯性矩；E_1和E_2为硬合金和钢材的弹性模量；P_y为合金刀头沿焊面的脱落力。

根据A. C. 卡赞斯基对焊缝处强度的计算方法，当刨削阻力峰值载荷作用时，刨刀焊接处将发生巨大的弯曲变形；在挤压力作用下刨刀焊接处将承载巨大扭转变形；在侧向力的作用下刨刀焊接处将产生剪切变形。刨刀焊缝处产生弯曲应力可由式（7–10）计算。

$$\sigma_H=X\left(-\frac{E'}{b_pEJt'}\left(y-l_p\right)^3+\frac{\tan\alpha+\dfrac{aE'b_p^{\ 4}}{b_pEJt'}\left(\dfrac{d}{5}+\dfrac{l_p}{4}\right)}{a\left(2l_pd-l_p^2\right)}\right) \tag{7-10}$$

式中，E'为弹性模量，t'为焊层厚度，E为折算弹性模量，$E=1.8E_2$（E_2为钢材弹性模量），J为焊接惯性矩，y为所求应力点的流动坐标，a为合金刀头进入刀体的深度，d为合金刀头底部圆柱直径，α为刨刀后角，l_p为合金刀头与煤岩接触最大深度。

产生的切应力和扭应力为，

$$\tau=\frac{R_{XY}}{ad}\left(1+\frac{\Delta}{\beta d}\right) \tag{7-11}$$

式中，R_{XY}为Y和X的合力；Δ为合金刀头与煤岩的接触高度；β为合金头下方钢材厚度h_c与合金头深度a的比值。

焊缝处的应力和为

$$\sigma=\sqrt{\sigma_H^2+y\tau^2} \tag{7-12}$$

7.3.1.2 刨削能耗

刨煤机工作时，为达到用尽可能少的能量刨削更多的煤，可用单位刨削能耗来衡量

刨煤机的能量利用率。刨煤机运行过程中，刨刀结构参数和工况参数等因素影响能耗的变化。通过研究刨刀宽度、刀尖角等结构参数和刨刀间距、刨削深度等工况参数对刨削能耗的影响，建立刨削能耗的优化数学模型，为提高刨煤机能量利用效率，优化刨刀结构参数和工况参数提供理论基础。

（1）刀宽度对单位刨削能耗的影响。

公式

$$H_w = A(0.3+0.35b_p)/(b_p+h\tan\varphi) \tag{7-13}$$

表明，刨刀宽度变化对单位刨削能耗有很大影响。图7–6是用刨深h=12 mm时作出的曲线，从图中可以看出，煤岩脆性程度较低时，刨刀宽度b_p从1 cm变化到4 cm时，刨削单位能耗增加了15%；煤岩脆性程度很高时，刨刀宽度b_p同样从1 cm变化到4 cm时，刨削单位能耗增加了90%。这主要是因为，对于相同的刨削深度，脆性程度高的煤岩较脆性程度较低的煤岩单位时间内塌落的数量多，因此刨削单位能耗比较低。

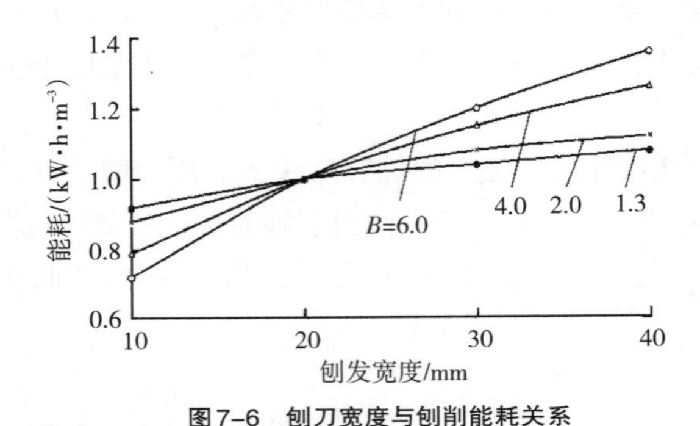

图7–6 刨刀宽度与刨削能耗关系

（2）刨削深度、刨刀间距对刨削能耗的影响。当刨刀宽度不变的情况下，刨削深度、刨刀间距影响刨刀对煤岩的截槽形状、刨削形式和刨削面积，从而影响刨削能耗。从图7–7中可以看出，刨削能耗随刨削深度增加而降低。当刨削深度为某一固定值时，刨削能耗开始随刨刀间距增加而降低，并达到最小值；当刨刀间距继续增加时，刨削能耗逐渐开始增加，并趋于稳定状态。因此，刨削深度一定时，合理选取刨刀间距可以减小刨削能耗。

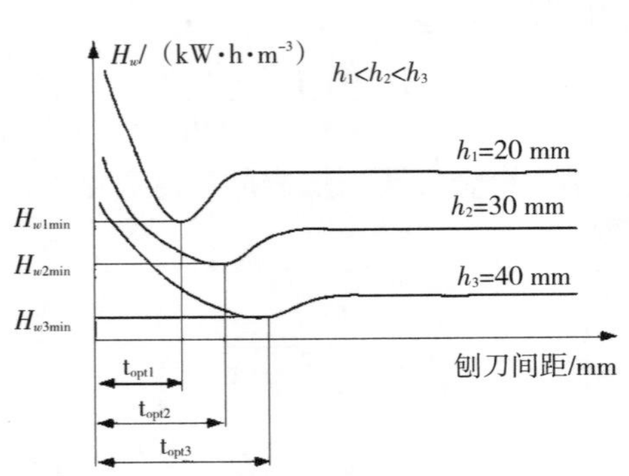

图7–7 刨削深度、刨刀间距与能耗关系

（3）刀角度对刨削能耗的影响。从公式

$$k_{yx} = [0.7\delta/(150-\delta)] + 0.65 \tag{7-14}$$

中可以看出，当刨刀宽度、刨削深度、刨刀间距不变的情况下，刨削力峰值载荷与刨削角变化影响系数k_{yx}有直接关系，从而影响刨削能耗的变化。图7–8是苏联学者通过试验方法得到的刨削角与能耗变化关系曲线。

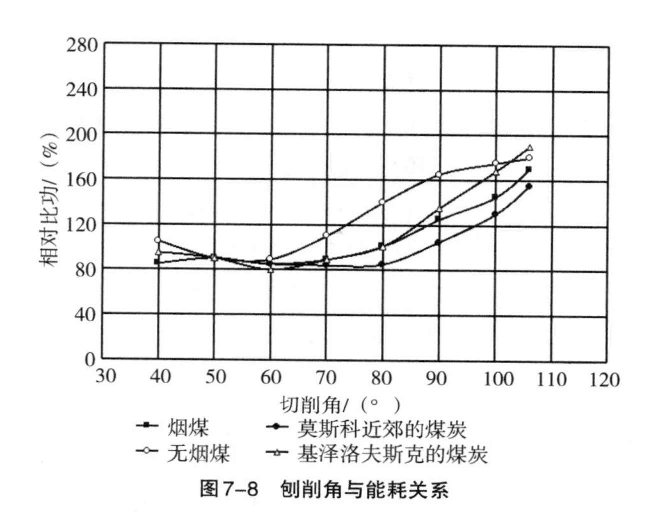

图7–8 刨削角与能耗关系

综上所述，刨刀结构参数和工况参数对刨削能耗有很大影响，因此将以最小能耗作为一个优化目标。

最终优化目标为

$$\min F_1(x) = \sigma = \sqrt{\sigma_H^2 + y\tau^2} \tag{7-15}$$

$$\min F_2(x) = H_w = \frac{A\left(0.3 + 0.35b_p\right)}{b_p + Bh^{0.5}} \tag{7-16}$$

7.3.2 确定设计变量

根据前面的内容分析可知，刨刀结构参数和工况参数，对刨刀合金刀头焊缝处受力和刨削能耗影响很大，因此把这些参数作为多目标优化的设计变量，研究各个参数变化对刨刀结构受力和能耗的影响规律。主要结构参数有刨刀前角γ、后角α、刀尖角β、刨刀宽度b_p、刨刀间距t。由于刨刀角度参数中满足关系$\gamma+\beta+\alpha=90°$，因此，最终确定设计变量为，前角γ、后角α、刨刀宽度b_p、刨刀间距t，即$x=\left[\gamma, \alpha, b_p, t\right]^{\mathrm{T}}=\left[x_1, x_2, x_3, x_4\right]^{\mathrm{T}}$。

7.3.3 建立约束条件

根据实验研究、刨刀破碎煤岩的基础理论以及虚拟刨削煤岩的力学特性，并结合常用刨刀的实际使用情况，给定参数约束范围。

参考铁法煤矿、同煤集团中矿井常用刨刀的实际宽度以及根据有关研究结果，刨刀宽度常取为$20 \leqslant b_p \leqslant 40$，因此，有

$$\begin{cases} g_1(x)=x_3-40 \leqslant 0 \\ g_2(x)=-x_3+20 \leqslant 0 \end{cases} \tag{7-17}$$

刨刀后角对煤岩挤压力有很大影响，而且容易使刨刀磨损，因此后角常取为$6° \leqslant \alpha \leqslant 10°$，即，

$$\begin{cases} g_3(x)=x_2-10 \leqslant 0 \\ g_4(x)=-x_2+6 \leqslant 0 \end{cases} \tag{7-18}$$

增大刨刀前角，可以减小刨削阻力，但前角太大会降低刨刀强度和加快刨刀磨损：因此刨刀前角一般取为：$10° \leqslant \gamma \leqslant 30°$，因此有

$$\begin{cases} g_5(x)=x_1-30 \leqslant 0 \\ g_6(x)=-x_1+10 \leqslant 0 \end{cases} \tag{7-19}$$

根据刀间距对刨削能耗的影响，刨刀间距取为：$65 \leqslant t \leqslant 115$，因此有

$$\begin{cases} g_7(x)=x_4-115 \leqslant 0 \\ g_8(x)=-x_4+65 \leqslant 0 \end{cases} \tag{7-20}$$

7.3.4　优化实例

选定刨刀工作的一种工况，根据煤层具体地质条件，确定相关参数值如下：

$A=225$，$k_1=1.25$，$k_3=1$，$k_4=1$，$k_5=0.67$，$k_6=1$，$h=35$ mm，$V_b=0.6$ m/s

k_2是与刨削角有关的系数，如表7–1。

表7–1　刨削角影响系数

δ (°)	50	60	70	80	90
k_2	0.85~0.89	0.9~0.92	0.93~1.06	1.08~1.26	1.24~1.34

根据表7–1中的数据，通过拟合可得到式（7–21）

$$k_2=0.033\times(90-\gamma)+0.27 \tag{7-21}$$

将以上模型运用MATLAB编制成程序，在NSGA–2的主程序里调节交叉概率为0.85，变异概率为0.02，种群规模为50，进化代数为200。最终运算结果如图7–9和图7–10。

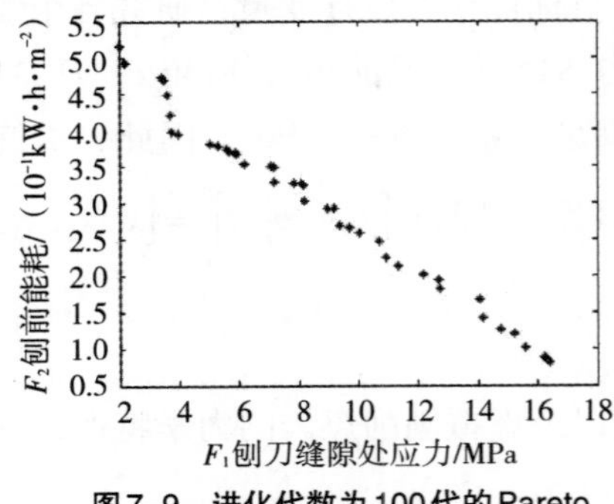

图7–9　进化代数为100代的Pareto

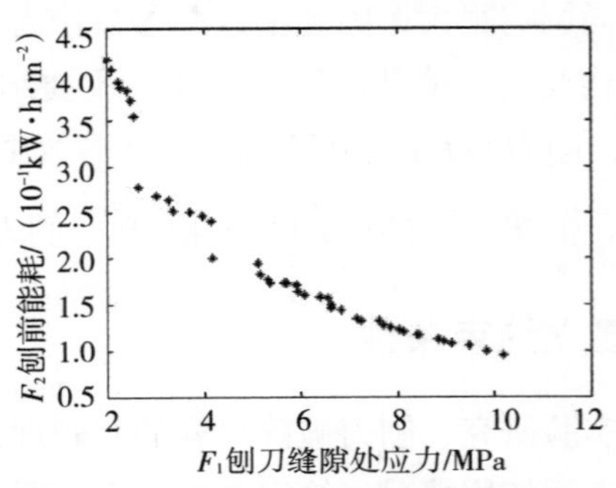

图7–10　进化代数为200代的Pareto

从图7-10中可以看出，理想点约在2×10^{-1}和4.1处。在计算到200代时，将计算过程中的一些参数值列出，如表7-2。

表7-2 计算过程中的一些参数值

序号	截割能耗 H_w/(kW·h·m^2)	焊缝应力/MPa	前角/(°)	后角/(°)	宽度/mm	刀间距/mm
1	2.91×10^{-1}	225.83	23.145 3	9.138 1	20.103 6	68.91
2	2.82×10^{-1}	258.94	24.657 3	9.453 9	23.107 3	70.82
3	2.72×10^{-1}	276.39	20.067 9	8.956 2	25.194 7	71.82
4	2.57×10^{-1}	348.92	21.132 1	7.893 1	27.150 3	78.57
5	2.04×10^{-1}	483.57	18.358 9	7.146 5	30.098 7	75.14
6	1.97×10^{-1}	501.48	14.005 0	9.610 3	28.113 5	80.53
7	1.81×10^{-1}	692.45	29.980 3	6.958 7	32.070 6	89.81
8	1.46×10^{-1}	722.81	30.705 8	6.936 1	37.159 5	97.46

本节通过建立的刨刀优化数学模型，运用MATLAB软件编写NAGA-2程序，优化了刨刀的参数，优化的一组理想参数为，刨刀前角$\gamma=14.005°$，刨刀后角$\alpha=9.61°$，刨刀宽度$b_p=28.11$ mm，刀间距$t=80.53$ mm。

7.4 刨刀优化的CAE实现

7.4.1 刨刀结构参数优化

优化是一种利用对解析函数求极值的方法来达到求最优解的目的数学方法。实际工程中，往往不能得到一个精确的解析函数，甚至由多个解析函数构成求最优解问题，基于数值分析技术的CAE方法，难以针对所有优化目标求得一个解析函数，CAE计算结果只是数值解，但是，数值分析技术中样条插值技术的发展实现了CAE优化，若是多个数值点可以利用插值技术形成一条连续的可用函数表达的曲线或曲面，如此便成了数学意义上的极值优化技术问题。样条插值方法是一种近似的数值分析方法，通常难以一次获得目标函数的精确拟合曲面，然而通过对每次计算的结果进行插值计算，就可得到一个新的曲面，计算相邻两次得到的曲面距离，若两曲面距离小于某个能够满足实际工程中需要的标注时，则认为此时曲面所表示的函数关系可以作为优化求极值的解析函数，即目标函数曲面，该曲面中的最小值便可以认为是最优值，CAE优化处理过程如图7-11。

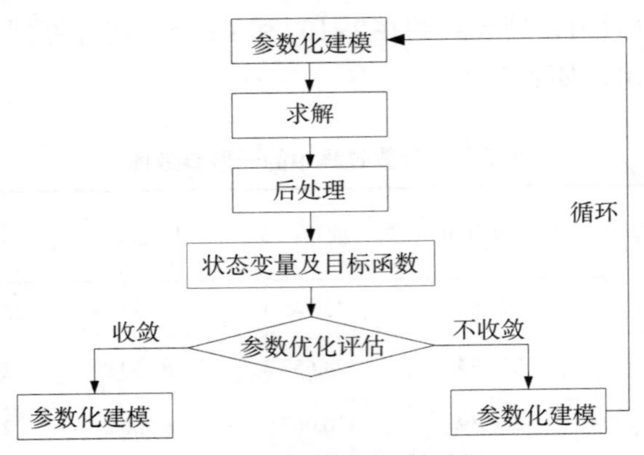

图7-11 CAE优化处理过程

刨煤机刨削煤岩时，由于受到随机载荷作用，刨刀失效发生率较高，刨刀合金刀头脱落是刨刀失效的主要形式。焊接技术是工程中常用的连接方式，在随机载荷作用下，焊接结构中焊缝部位比较薄弱，是焊缝失效开始的部位。刨刀结构对焊缝处应力有重要影响，因此优化刨刀关键结构参数，降低焊缝处应力有利于提高刨刀使用寿命，因此，可把刨刀焊缝处最大等效应力降到最小作为一个优化目标；同时，为了节省材料和降低刨刀重量，把刨刀的质量最小作为一个优化目标；在刨削煤岩时，若能降低单位刨削能耗，即可降低单位质量煤炭生产的成本，所以也将单位刨削能耗作最小为另一个优化目标。

针对上述刨刀优化问题，如果利用常规方法来求解其难度比较大，因此，这类优化属于多变量下的多目标优化问题，并且由于在优化过程中涉及到结构应力的相关计算，所以应该选用基于有限元计算方法来解决问题。ANSYS Workbench 中的一个 Design Xplorer模块则是一个基于有限元计算，并且功能强大的多目标多变量的优化软件，它可以参数化处理CAE的计算结果，并且能够绘制设计空间，可以得到多项指标都趋于最好的优化设计方案。典型有限元的优化计算过程如图7-12。

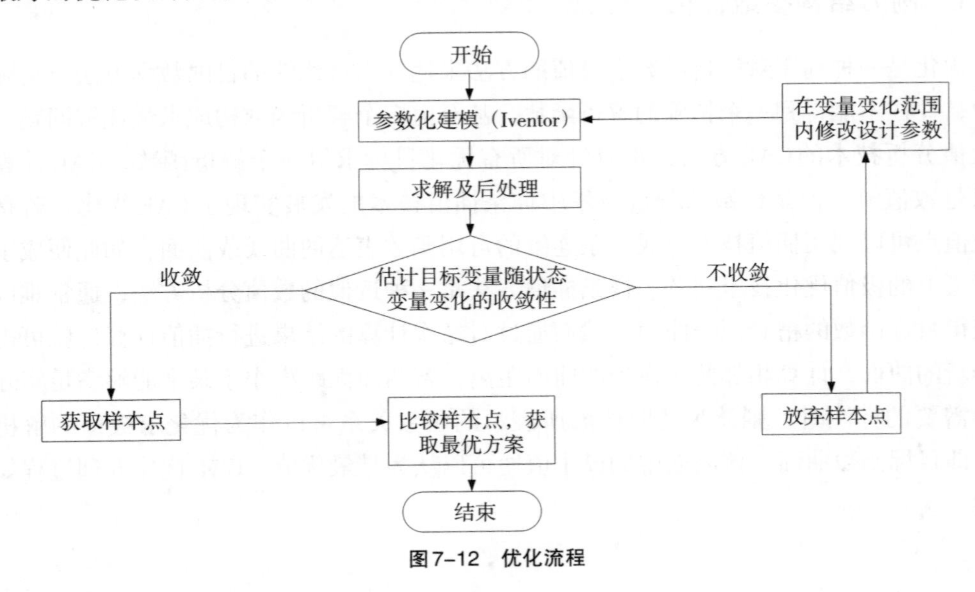

图7-12 优化流程

图7-13为一个典型的结构分析数据管理流程图，在workbench主要的分析和设计工作过程中都可以实现双向的数据传输。

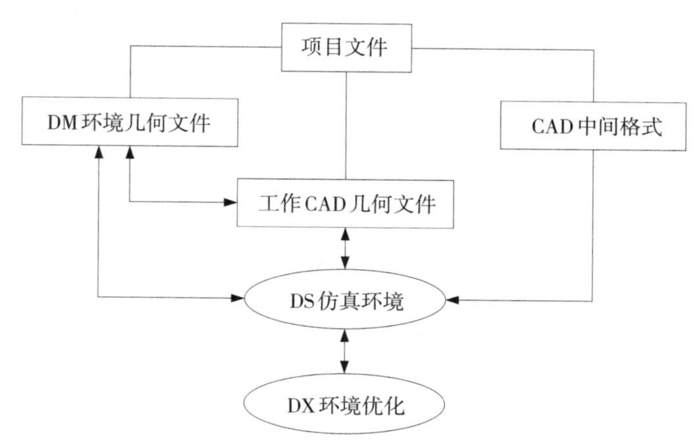

图7-13 Workbench环境数据流程

整体的有限元的优化过程可以分为3个主要的步骤：首先，求解约束条件并且根据其他因素，可以初步确定出刨刀的结构尺寸。用Inventor来建立刨刀的三维结构模型并且把优化参数设置为可变参量；其后再把三维模型导入到ANSYS Workbench中，并且进行静力学分析，从而就可以得到初始结构的应力分布图；设定其目标函数，在Design Xplorer模块中设计给定的状态变量的变化范围。程序会自动的改变其设计参数并且进行多次迭代计算，直到可以求到多个局部最优解（也可称设计的样本点）。最后，根据设定的多个目标函数的优先级与目标极限，在设计的样本点中寻找出最优的设计方案。

在workbench下建立刨刀优化设计的项目，如图7-14。图中模块A主要作用为参数化建模；模块B主要作用是针对刨刀进行静力分析，包括单元材料特性设置、载荷加载、网格划分与细化等；模块C即为优化模块，主要用来优化参数的设置、优化方法的选择和优化结果观察。

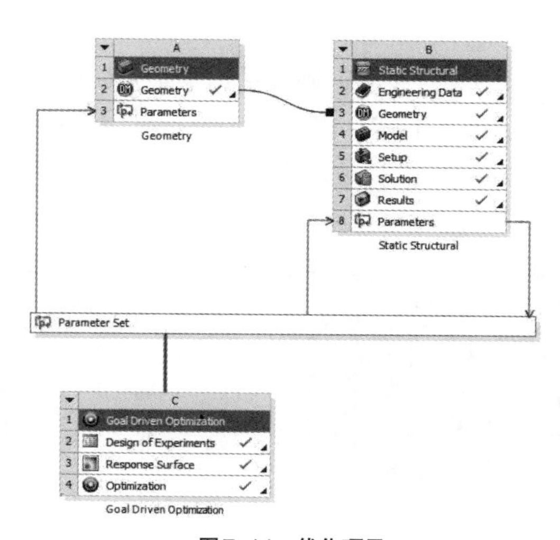

图7-14 优化项目

7.4.1.1　参数化建模

在Inventor中对刨刀进行参数化建模，然后导入到图7–14中的A2中。对带有合金刀头刨刀进行参数化建模，将合金刀头尺寸设置为驱动尺寸，刀身其他位置的结构尺寸设置为从动尺寸。根据驱动尺寸的不同从动尺寸将产生相应的变化，即刀身结构尺寸随合金刀头的尺寸变化而变化，驱动尺寸作为输入参数，如图7–15。这些几何参数确定了刨刀的截面形状，为方便管理各个参数，将其列于表7–3中。

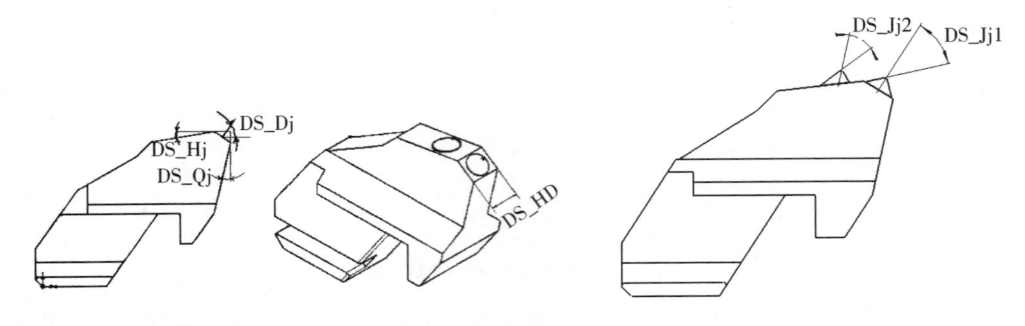

图7–15　刨刀参数设置

表7–3　参数管理

参数性质	输入参数						输出参数			
参数名称	顶角/（°）	后角/（°）	前角/（°）	厚度/mm	尖角2/（°）	尖角1/（°）	切割能耗（$kW \cdot h \cdot m^{-2}$）	质量/t	应力1/MPa	应力2/MPa
建模符号	DS_Dj	DS_Hj	DS_Qj	DS_HD	DS_Jj2	DS_Jj1	—	—	—	—
管理符号	P1	P2	P3	P4	P5	P6	P12	P14	P15	P16
初始值	60	7	20	25	40	43	0.509	5.29E–3	713.82	822.51
变化范围	55~65	5~12	10~30	20~35	35~45	38~48	—	—	—	—

7.4.1.2　静力学求解

网格划分是有限元分析的关键步骤，刨刀结构复杂，使用四面体单元划分网格，以适应其复杂的表面，如图7–16。在图7–14的B5中完成对有限元模型加载、约束和设置要求解的内容，根据图7–17加载瞬时最大载荷，根据前面章节分析的内容，刨刀受力与刨刀的结构有关，这里利用公式

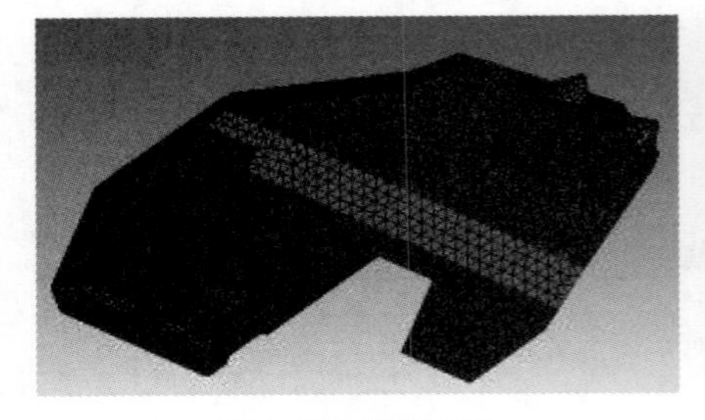

图7–16　刨刀网格

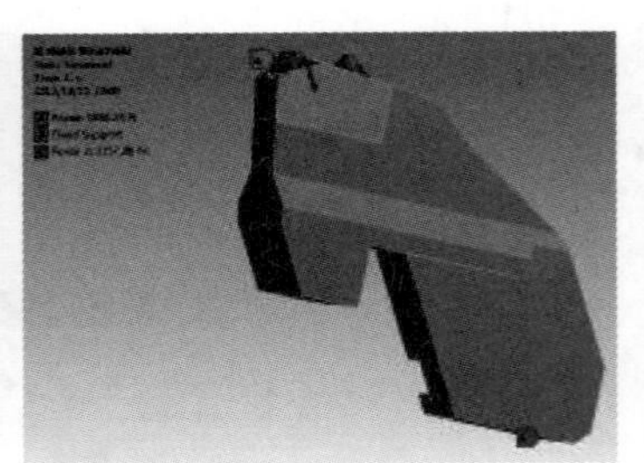

图7–17　载荷加载情况

$$X_0 = 1.1A\frac{0.35b_p + 0.3}{\cos\beta\cdot(b_p + h\tan\varphi)k_6}htk_1k_2k_3k_4k_5k_7 \qquad (7-22)$$

式中，X_0为每把刨刀承受的刨削阻力，这样保证了刨刀结构改变的过程中，刨刀最大载荷也在改变，保证其载荷的真实性和可信性（施加的力是一个约束函数）。在刨煤机实际结构中，刨刀通过销固定在刀座上，刨刀刀柄与刀座紧靠，可以将这些部位抽象成固定约束。设置刨刀质量、单位刨削能耗和焊缝处的最大等效应力为输出参数。

图7-18为优化前应力。

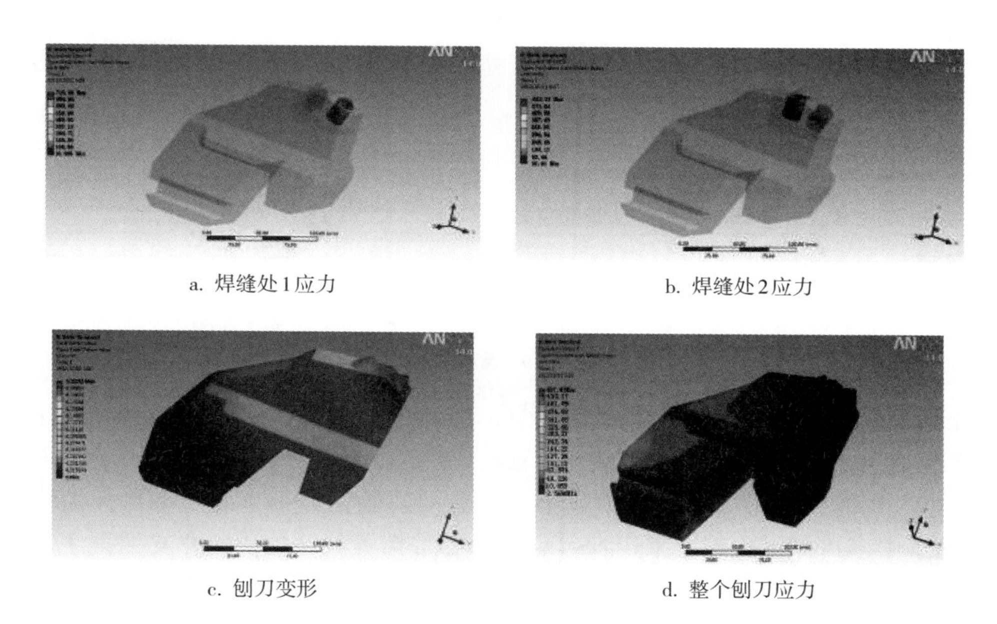

a. 焊缝处1应力　　b. 焊缝处2应力

c. 刨刀变形　　d. 整个刨刀应力

图7-18　优化前应力

7.4.2　优化仿真

图7-14的中C2主要用来试验设计，针对每一个设计参量应设置一个变化区间，设计参量将在该区间内取值。对有关单位设计的带有圆柱状合金刀头实验用标准刨刀进行优化，因此以实验用刨刀的结构参数为初始值，并给定每个参数合理的变化范围。利用蒙特卡罗抽样技术，对输入参数随机抽取计算样点并进行采集，样点的数量与输入参数数目有关，在图7-14中B6模块内，计算每个样点对应输出参数的响应结果，即作为第一优化目标的焊缝处最大应力和刨刀单位刨削能耗和作为第二优化目标的合金刀头质量，基于这些输入和输出数值，可以拟合出曲线和曲面。

通过图7-14中的C2生成设计点和计算结果，在C3下应用插值函数方法拟合出每个输出参数的响应曲面。的输出参数是两个焊缝处的最大等效应力、合金刀头质量和单位刨削能耗，其对应的响应曲面如图7-19。在其他参数不变的情况下，图7-19表示输出参数与表7-3中输入参数P3，P4之间的关系。

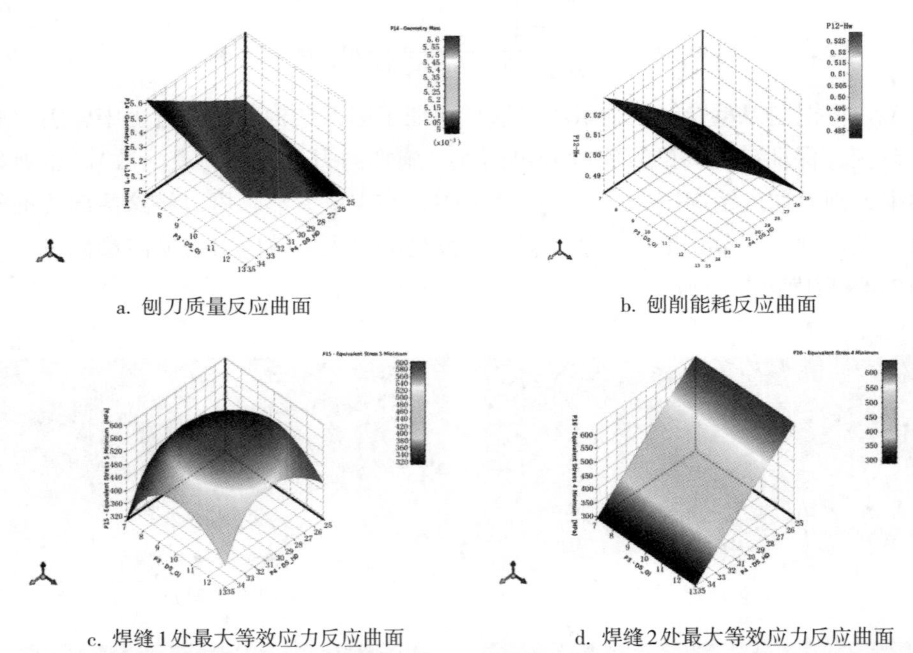

a. 刨刀质量反应曲面　　b. 刨削能耗反应曲面

c. 焊缝1处最大等效应力反应曲面　　d. 焊缝2处最大等效应力反应曲面

图7-19　反应曲面

通过图7-14中的C4进行优化，结合前面C2，C3的基础工作，优化回到了数学意义上求解过程。ANSYS Workbench的优化方法有3种，由于选择的优化目标是合金刀头的质量最小、焊缝处的最大等效应力最小和单位刨削能耗最小，属于多目标优化。在Workbench中多目标优化算法采用NSGA-Ⅱ，即带精英策略的快速非支配排序遗传算法，该方法具有计算复杂度低、采取有效的精英策略以及不需要人为指定共享半径等优点，作为多目标进化算法的基准算法之一，在各种复杂的工程优化问题中均已经得到了成功应用。优化设计参数的设置情况如图7-21，将圆柱状合金刀头结构尺寸设置为本次优化设计的设计参量，将焊缝处的最大应力最小设置为第一优化目标，由于焊缝处最大应力最小是本次优化的主要目的，因此将其重要程度设置为Higher，同时，以圆柱状合金刀头质量最小与刨刀切割能耗最小作为第二优化目标，便于节省刨刀材料降低成本。

在图7-14的C4中，对本次优化进行多目标优化设置，经过优化即可获得Tradeoffs图如图7-20。

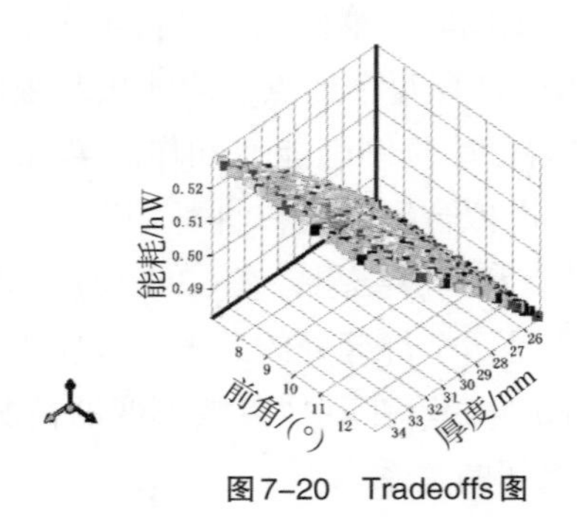

图7-20　Tradeoffs图

在图7–21中，根据设置完成的优化方法和优化目标，经计算后，会有3组备选点，即Candidate A，Candidate B，Candidate C可作为计算结果。从图7–21中可以看出，在3组备选点中，Candidate A相对于其他两组备选点对应的输出结果最小，即Candidate A中计算出的刨刀焊缝处最大等效应力、刨刀重量及单位刨削能耗最小，是优化设计所要求解的结果。综合比较3组数据，权衡目标函数结果的均衡，选Candidate A为优化结果，再依据优化结果建立刨刀有限元建模，经分析可获得应力应变云图，如图7–22。与前面图7–18相比较可以发现，优化前焊缝处最大应力为713.82 MPa和822.51 MPa，优化后焊缝处最大应力为617.42 MPa和627.04 MPa，分别减小了大约96 MPa和195 MPa，这对提高刨刀焊缝处的使用寿命非常有利；同时可观察出整个刨刀应力的变化情况，在优化之前关于整个刨刀的最大应力是822.51 MPa，优化之后则整个刨刀的最大应力是679.528 MPa，比之前减小约143 MPa。

因此，经过优化后刨刀的力学性能得到显著提升，提高了刨刀的可靠性。同时结合图7–21中的优化参数可以看出，优化目标值在最底部，是最小优化值。

图7–21　优化目标设置及优化后的备选点

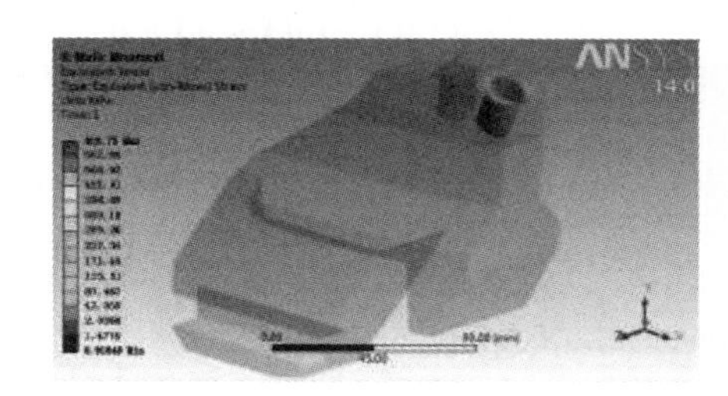

a. 焊缝处1应力

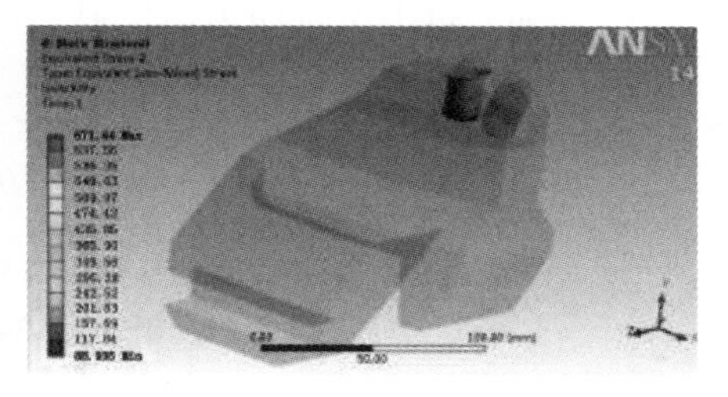

b. 焊缝处2应力

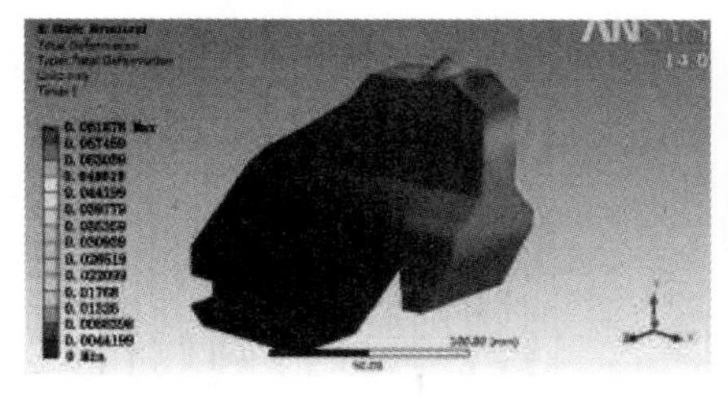

c. 刨刀变形

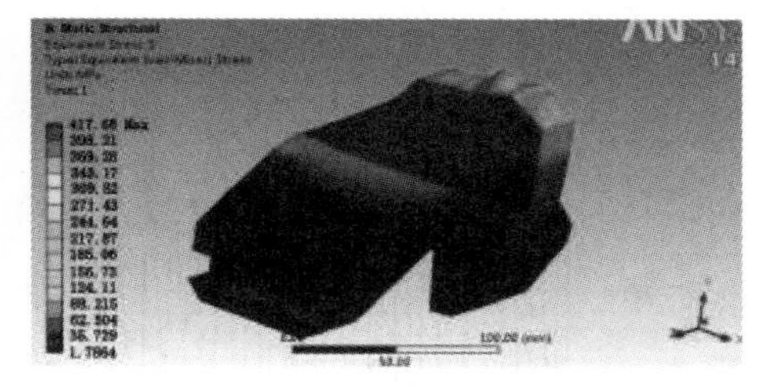

d. 整个刨刀应力

图7–22　优化后应力

7.5　优化后实验

通过对CAE优化获得结果与NSGA-2算法优化获得的优化结果基本一致，由于CAE优化更直观、更有利于刨刀刨刀结构参数化，因此，这里采用CAE优化获得的刨刀结构参数如表7-4，进行刨刀刨削煤岩实验。设定刨削深度为25 mm，刨削速度分别为0.34 m/s，0.6 m/s和1.17 m/s，获得优化后刨刀在不同刨削速度下的刨削阻力载荷历程。

表7-4　优化前后的刨刀结构参数

参数名称	顶角/（°）	后角/（°）	前角/（°）	厚度/mm	尖角2/（°）	尖角1/（°）
建模符号	DS_Dj	DS_Hj	DS_Qj	DS_HD	DS_Jj2	DS_Jj1
管理符号	P1	P2	P3	P4	P5	P6
优化前值	60	9	20	25	40	43
优化后值	55.936 6	9.310 7	15.494 2	29.998 1	37.133 9	41.645 0

（1）刨削速度V=0.34 m/s时，得到单个刨刀阻力测试曲线如图7-23。

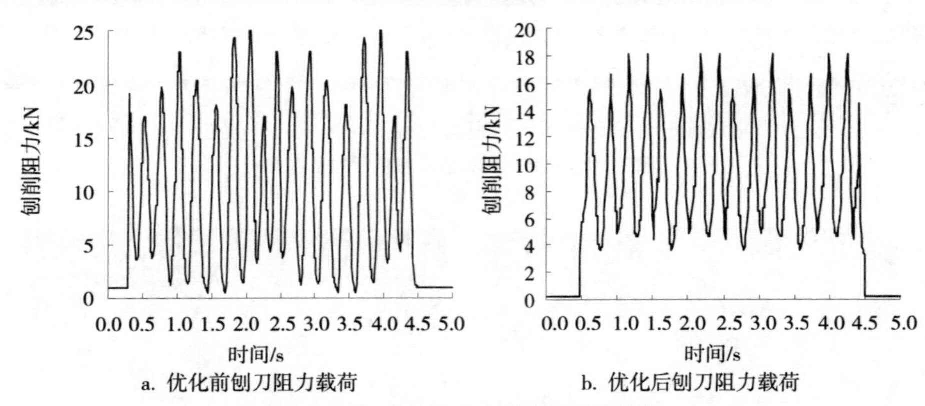

a. 优化前刨刀阻力载荷　　b. 优化后刨刀阻力载荷

图7-23　刨速为0.34 m/s的刨刀阻力载荷

（2）刨削速度V=0.6 m/s时，得到单个刨刀阻力测试曲线如图7-24。

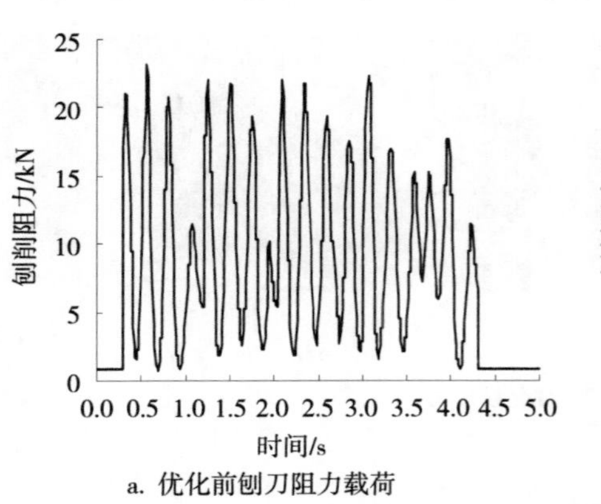

a. 优化前刨刀阻力载荷

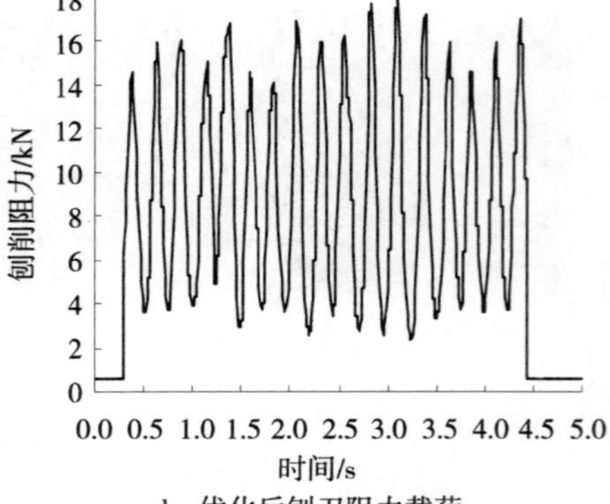

b. 优化后刨刀阻力载荷

图7-24　刨速为0.6 m/s的刨刀阻力

（3）刨削速度V_b=1.17 m/s时，得到单个刨刀阻力测试曲线如图7–25。

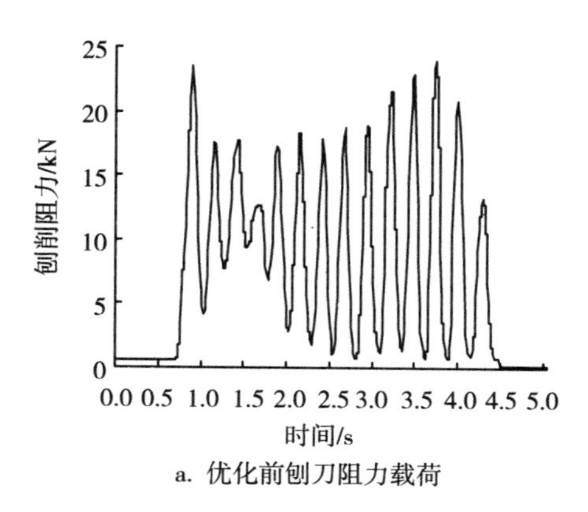

a. 优化前刨刀阻力载荷

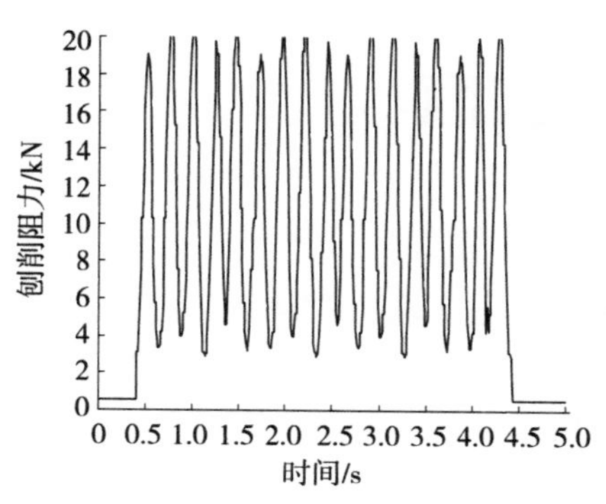

b. 优化后刨刀阻力载荷

图7–25　刨速为1.17 m/s的刨刀阻力

对比优化实验前后的载荷曲线统计获得均值、标准差、均方根值以及相对偏差等数据特征，如表7–5。

表7–5　优化前后刨刀实验阻力曲线统计

刨削速度/（m·s⁻¹）	0.34				0.6				1.17			
刨削阻力	均值	标准差	均方根值	最大值	均值	标准差	均方根值	最大值	均值	标准差	均方根值	最大值
优化前/kN	8.5	1.8	3.1	26.1	8.1	1.4	2.8	23.3	8.4	1.3	3.4	24.5
优化后/kN	8.0	0.9	2.0	17.6	8.2	1.1	1.9	22.4	7.9	0.7	2.1	19.8
相对偏差/（%）	3.03	33.3	27.5	13.0	0.61	12.0	19.1	6.25	3.06	30	23.6	9.68

观察实验曲线和表7–5的实验统计数据发现，刨削阻力有所减小，但是减小范围不是很大，依然在8.1 kN左右，但是在数据上看标准差和均方根差都减小，最大值也降低很多，因此，刨刀受力状态已经改善，刨刀的应力集中状况有改善，因此，优化后的力学性能将得到提高。

7.6　小结

根据刨煤机刨刀的工作状况和设计要求，结合传统优化设计方法，通过建立刨刀合金刀头焊缝处的力学模型，以刨削能耗和焊缝处应力最小为目标进行优化设计；通过运用刨煤机刨刀刨削煤岩仿真数据，提出了一种基于CAE技术的刨刀优化设计方法。并对优化后的刨刀进行了实验研究，结果表明优化后刨刀受力状态有所改善，为刨刀优化设计提供了一种新的设计方法和手段。

参考文献

[1] 郝志勇. 刨煤机工况参数优化及刨头结构设计研究 [D]. 阜新：辽宁工程技术大学，2004.
[2] 谢锡纯，李晓豁. 矿山机械与设备 [M]. 徐州：中国矿业大学出版社，2000.
[3] 康晓敏. 刨煤机动力学分析及对刨链可靠性影响的研究 [D]. 阜新：辽宁工程技术大学，2009.
[4] 陈引亮. 中国刨煤机采煤技术 [M]. 北京：煤炭工业出版社，2000.
[5] 孙中刚. 刨煤机动力学仿真及可靠性研究 [D]. 阜新：辽宁工程技术大学，2011.
[6] 李贵轩，李晓豁. 采煤机械设计 [M]. 沈阳：辽宁大学出版社，1994.
[7] 付伟丽. 滑行式刨煤机刨头随机刨削载荷谱研究 [D]. 阜新：辽宁工程技术大学，2011.
[8] 黄志龙，刨煤机. MK97-002型刨刀的强度和疲劳寿命研究 [D]. 阜新：辽宁工程技术大学，2011.
[9] 柏振军. 中国煤矿机械装备发展现状和“十二五”展望 [J]. 中国煤炭，2011，37（4）：16-19.
[10] 沈海军. 刨煤机开采薄煤层工作面的实例研究及分析 [C] //第五届全国煤炭工业生产一线青年技术创新文集. 北京：煤炭工业出版社，2010：163-166.
[11] 王晚宁. 薄煤层开采现状及发展趋势 [C] //第三届全国煤矿机械安全装备技术发展高层论坛暨新产品技术交流会论文集. 徐州：中国矿业大学出版社，2011：8-10.
[12] 吕文玉. 国内外薄煤层开采技术和设备的现状及其发展 [J]. 中国矿业，2009，18（11）：60-62.
[13] 温庆华. 薄煤层开采现状及发展趋势 [J]. 煤炭工程，2009（3）：60-61.
[14] 王大志，许盛运，石振文. 薄煤层刨煤机安全高效自动化开采技 [C] //煤炭开采新理论与新技术——中国煤炭学会开采专业委员会2010年学术年会论文集.徐州：中国矿业大学出版社，2010：86-92.
[15] 张强，宋秋爽. 刨煤机无人自动化开采成套系统研究 [C] //第七届全国煤炭工业生产一线青年技术创新文集. 北京：煤炭工业出版社，2012：553-559.
[16] 宋宝儒，王宏斌. 从大同薄煤层开采现状浅谈其发展趋势 [J]. 中国学术研究，2011（2）：11-13.
[17] 刘伟. 刨刀刨削煤壁仿真及有限元分析 [D]. 阜新：辽宁工程技术大学，2012.
[18] 李其生. 刨煤机采煤技术应用探讨 [J]. 东方企业文化，2012（4）：218-219.
[19] 李季. 薄煤层工作面刨煤机成套综采设备选型与配套 [J]. 煤炭技术，2009，28（5）：162-164.
[20] A.H.别隆. 煤炭切削原理 [M]. 王兴柞，译. 北京：中国工业出版社，1965.
[21] E.3.保晋. 采煤机破煤理论 [M]. 王庆康，门迎春，译. 北京：煤炭工业出版社，1992.
[22] 徐小荷，余静. 岩石破碎学 [M]. 北京：煤炭工业出版社，1984.
[23] 王春华. 截齿截割作用下煤体变形破坏规律研究 [D]. 阜新：辽宁工程技术大学，2004.
[24] 索洛德. 采矿机械与综合机组的设计计算 [M]. 殷永龄，译. 北京：煤炭工业出版社，1989.
[25] 李勃，张顺朝，王文江. 德国刨煤机在薄煤层工作面开采中的应用 [J]. 煤矿机械，2003，12：36-38.
[26] 李健成. 矿山机械 [M]. 北京：冶金工业出版社，1981.
[27] 康晓敏，李贵轩，郝志勇. 以工作面刮板输送机货载断面积均匀化为目标刨削深度 [J]. 矿山机械，2004（9）：37-41.

[28] 李勃，张顺朝，王文江. 德国刨煤机在薄煤层工作面开采中的应用 [J]. 煤矿机械，2003 (12)：37-39.
[29] 康晓敏，李贵轩，郝志勇. 以极小化单位能耗为目标优化刨削深度 [M]. 煤矿机械，2003. (1)：46-48.
[30] 沃鸣杰. 刚柔耦合掘进机虚拟样机仿真研究 [D]. 阜新：辽宁工程技术大学，2010.
[31] 郭鹏. 突出煤层变径破煤机理及成孔工艺研究 [D]. 焦作：河南理工大学，2011.
[32] 屠厚择，高森. 岩石破碎学 [M]. 北京：地质出版社，1990.
[33] 张云平，唐焕勇. 刨煤机刨煤能力与落煤能力的关系分析 [J]. 煤矿机械，2001 (9)：6-7.
[34] 赖海辉. 机械岩石破碎学 [M]. 长沙：中南工业大学出版社，1991.
[35] 沃鸣杰. 刚柔耦合掘进机虚拟样机仿真研究 [D]. 阜新：辽宁工程技术大学，2010.
[36] 李晓豁. 掘进机截割的关键技术研究 [M]. 北京：机械工业出版社，2008.
[37] 李世愚，和泰名. 岩石断裂力学导论 [M]. 合肥：中国科学技术大学出版社，2010
[38] 陈引亮. 中国刨煤机采煤技术 [M]. 北京：煤炭工业出版社，2000.
[39] 宋宝儒，王宏斌. 从大同薄煤层开采现状浅谈其发展趋势 [J]. 中国学术研究，2011 (2)：45-46.
[40] 赵丽娟，何景强，李发. 刨煤机刨刀破煤过程的数值模拟 [J]. 煤炭学报，2012 (5)：878-883.
[41] 陶云，黄勇标，孙长敬. 刨煤机刨刀有限元应力分析 [J]. 煤矿机械，2004，25 (5)：45-47.
[42] 王峥荣. 基于LS-DYNA采煤机镐型截齿截割有限元分析 [J]. 振动、测试与诊断，2010，30 (2)：163-165.
[43] 周雅. 基于ANSYS Workbench的精冲模具—压力机一体化结构分析 [D]. 上海：华中科技大学，2009.
[44] 姬国强. 基于LS-DYNA的镐型截齿截割力模拟 [J]. 科学之友，2008 (4)：131-132.
[45] 郝好山，胡仁喜. ANSYS12.0 LS-DYAN非线性有限元分析从入门到精通 [M]. 北京：机械工业出版社，2010.
[46] 白金泽. LS-DYNA3D理论基础与实例分析 [M]. 北京：科学出版社，2005.
[47] 张洪武，关振群，李云鹏，等. 有限元分析与CAE技术基础 [M]. 北京：清华大学出版社，2004.
[48] 宋力，王大国，杨阳，等. 基于细观力学的混凝土弹塑脆性损伤研究 [J]. 应用力学学报，2013，30 (4)：480-487.
[49] 刘洪永，程远平，赵长春，等. 采动煤岩体弹脆塑性损伤本构模型及应用 [J]. 岩石力学与工程学报，2010，29 (2)：358-365.
[50] 袁龙蔚. 流变力学 [M]. 北京：科学出版社，1986.
[51] 范广勤. 岩土工程流变力学 [M]. 北京：煤炭工业出版社，1993.
[52] 刘红帅，唐立强，薄景山. 岩体弹黏塑性显式波动有限元分析 [J]. 煤田地质与勘探，2009，37 (1)：38-47.
[53] 于永江，王大国，李强，等. 煤岩体的弹塑脆性本构模型及其数值试验 [J]. 煤炭学报，2010，37 (4)：586-589.
[54] 周鹏展，肖加余，曾竟成，等. 基于ANSYS的大型复合材料风力机叶片结构分析 [J]. 国防科技大学学报，2010，32 (2)：47-50.
[55] 李晓豁，刘霞，焦丽，等. 不同工况下滑行式刨煤机的动态仿真研究 [J]. 煤炭学报，2010，35 (7)：1202-1206.

[56] 李世彪，李建平. 基于ANSYS的唐氏螺纹强度分析［J］. 机械工程与自动化，2008（2）：36–38.
[57] 李晓豁，宋元. 拖钩刨刨头转角运动学模型的建立［J］. 中国科技论文在线，2008（9）：59–61.
[58] 李晓豁，宋元. 刨煤机平面振动的数学建模与仿真［J］. 世界科技研究与发展，2009，31（2）：296–297，289.
[59] 李晓豁，谭兵. 基于神经网络PID的刨煤机工作面液压支架控制系统［J］. 辽宁工程技术大学学报：自然科学版，2009，28（1）：90–93.
[60] 姚继权，李晓豁，李国威. 刨齿刀的三维可视化设计［J］. 工程设计学报，2007，14（5）：388–391.
[61] 翟新献，李小军，李宝富. 坚硬顶板松软薄煤层刨煤机开采可刨性研究［J］. 河南理工大学报，2009，28（4）：424–428.
[62] 邵忍平. 机械系统动力学［M］. 机械工业出版社，2007.
[63] 张成芬. 基于改进NSGA–Ⅱ算法的干式空心电抗器多目标优化设计［J］. 中国电机工程学报，2010，30（18）：115–121.
[64] 陈幸开. 碳纤维增强聚合物基复合材料拉挤工艺数值模拟与优化［D］. 哈尔滨：哈尔滨工业大学，2010.
[65] 赵瑞国，利界家. NSGA–2算法及其改进［J］. 控制工程，2009，5（16）：61–63.
[66] 高媛. 非支配排序遗传算法（NSGA）的研究与应用［D］. 杭州：浙江大学，2006.
[67] 张强，付云飞. 基于NSGA–Ⅱ算法的不完全概率信息刨头多目标模糊可靠性优化［J］. 工程设计学报，2012，19（1）：25–29.
[68] 张强，付云飞. 基于人工鱼群算法刨煤机比能耗最低参数优化［J］. 广西大学学报：自然科学版，2012，37（2）：241–246.
[69] 张强. 基于遗传算法的刨煤机系统多目标模糊可靠性优化［J］. 科技导报，2012，30（12）：53–55.
[70] 韩泽光，宋欣芳. 基于NSGA–Ⅱ的通用多级圆锥—圆柱齿轮减速器的多目标优化设计［J］. 机械与电子，2011（1）：3–6.
[71] 毛君，郝志勇. 基于改进遗传算法的刨头多目标优化设计［J］. 微计算机信息，2011（8）：19–20.
[72] 刘峰. 柱塞式燃油泵多目标结构优化［D］.南京：南京航天航空大学，2008.
[73] 粟梅，孙尧，覃恒思，等. 矩阵变换器输入滤波器的多目标优化设计［J］. 中国电机工程学报，2007，27（1）：70–75.
[74] 张百灵. 考虑空气阻力影响的送纸机构仿真及优化研究［D］. 上海：上海交通大学，2009.
[75] 赵丽娟，旭南. 基于经济截割的采煤机运动学参数优化研究［J］. 煤炭学报2013，38（8）：1490–1495.
[76] 高岩，周正路. CAE优化技术在汽车概念设计中的应用［J］. 汽车工程学报，2012，2（1）：62–65.